スコッチウィスキー
新時代の真実
SCOTCH WHISKY THE TRUTH OF NEW ERA

STUDIO TAC CREATIVE

スコッチウィスキーの深奥

基本的にウィスキーは、個の酒である。

大勢でわいわい飲む酒には、乾杯に相応しいシャンペンであり、

ワインであり、ビール等が似合う。

ウィスキーは、静謐の中で思索に耽る時に飲む内省的な酒だ。

人生における苦い挫折、後悔と孤独を体験し、肉体に限界を感じ、

薄れる知力を悟り、光り輝くわけではない未来が想像できる大人の酒だ。

だから、ウィスキーという酒は飲み手を選択する。

40%以上のアルコール濃度、煙、苦み、渋み等の複雑なテイストを、

若者の味覚は受け入れがたく、その美味さが理解できない。

ウィスキーは経験の薄い飲み手を気楽に酔わせてはくれないのだ。

だからウィスキーを大量のソーダや水で割る。

この酒は、イングランドとの戦で勝てなかったスコッツ達の、悔し涙の酒だから、

苦く、渋く、辛く、かすかに希望の味がする。

だからこそ、酒の初心者にはこの味が理解できない。

ということで、ウィスキーの分かる大人は、上手くいかなかった仕事帰りに一杯。

良いことがあった時に一杯。道に迷った夕べに一杯。

何も起らなかった一日の終わりにただ杯を重ねる。

今日にけじめをつけ、明日を生きるために、

萎えそうな心と身体を奮い立たせてくれる酒。

まさに、オードヴィ。命の水。

大人には、喜怒哀楽の増幅、減衰、安寧のためウィスキーが必要なのだ。

ということで、乾杯と行こうか！

CONTENTS 目次

スコッチウィスキーの
現状と問題点

文＝高橋矩彦

まずスコッチウィスキーの外殻から…

　ウィスキーという蒸溜酒は地勢的な関係から推察すれば、最初はティグリス・ユーフラテス川添い近辺に定住した人々によって農業収穫が始まり、余剰穀物の発酵から醸造酒が誕生し、さらに蒸溜によってアルコール度数が増加したことにより保存性が改善した。

　ウィスキー蒸溜は文化として、僧侶を介して発達し、サラセンから地中海、スペインなどを経由し北上、アイルランドを経由してフェブリーズ諸島からスコットランドに伝わり、現在の状況に開花したというのが、一般的な解釈であろう。

　その蒸溜酒造りの歴史を振り返れば、スコットランドとイングランドとの確執、酒税逃れの密造、ジャガイモの飢饉、二度の世界大戦、経済不況、アメリカの禁酒法などの浮沈を経験し、販売不振で蒸溜所の閉鎖、身売りが相次いだ過去の連続であった。

その現状

　21世紀の現在においては、スコットランドに於けるNo.1の産業＝スコッチウィスキーは、幾多の困難を克服しながらも、最近の十数年は破竹の勢いで伸張してきた。もちろん輸出だけ見ても世界180ヵ国に向けて60秒ごとに

©VisitBritain/ Joe Cornish

40本のボトルが船出していく状況となっている。前年比の増加率は5.6%だ。

この内、シングルモルトはボトル数で28%の増加、輸出総額では5億5,000万ポンド（=750億円前後を推移）という驚異的な伸びを示している。2018年度、スコッチウィスキーは総額で1億9,700万ポンド（=270億円前後を推移）の販売を記録、2017年度比では10.8%増という数字である。そしてこの数字はブレンデッド・ウィスキーに対して、シングルモルトの人気急上昇により販売金額がかつての10対1から、3対1の比率に急迫していることを示している。

驚くほど大量にスコッチウィスキーを消費するアメリカ合衆国は、2017年には580億円、フランスは130億円という輸入代金をスコットランドに支払っている。が、近年では国力の充実とともに中国、インド、ラトビア、南アフリカが著しい伸びを示し、日本、オランダ、カナダ、ポーランドも同様に増加傾向にある。

世界中の酒好きが、スコッチウィスキーの美味さに気がついたのであろうか。いや、もともと美味いことは知っていたが、割高なスコッチを購入するだけの経済力が上昇したのだろうか。

これは市井のスコッチウィスキー呑みにとって非常事態だ。近年ボトルの購入価格がジリジリ上がっていると感じていたが、このせいだったのだとようやく理解できた。世界中で景気が減退する昨今、2桁の伸びを示す業種業態はそうそう見つかるものではない。こういう世界中のスコッチ大量消費状況が、スコッチ生産の本家本元スコットランドにとんでもない変革を巻き起こしていることを、スコッチを愛するご同輩方はご存じだろうか。

蒸溜所ツアーという観光形態

なんと、蒸溜所を訪れる民間人客＝ディスティラリー・ツアラーが年間200万人を越えたという事実がまずある。これは2010年に比較して45%の増加であり、一人当たり平均4,500円のボトルを含む買い物をして帰るというのである。もちろん、蒸溜所では押し寄せる観光客には£5〜£40のツアー料金を払わせ、自前の蒸溜施設を解説。ウェアハウス（熟

成倉庫）でダンネージ式熟成樽を見せて、最後に数種類のボトルのテイスティングで充分ツアラーを納得させたうえで、限定ボトル、蒸溜所名入グラス、Tシャツなどのお土産品を購入させて帰すのである。

驚いたことに最近では、頑なに隠ぺい体質を貫き通していた蒸溜所が、ここに押し寄せるツアー客の満足度を促すための多額の設備投資を惜しまないという事態にまで発展している。これは酒飲みがスコットランドの蒸溜所見学ツアーに一旦参加したとなると、見学した蒸溜所に大きなシンパシーを感じて帰国した後、バーやスーパーで見慣れたウィスキーボトルを見る度に、ツアー経験を人に語りたくなるという習性、要するに自慢話をしたくてしようがないという心理を巧に突いた一大戦略である。

これはウィスキーメーカーにとってたまらない状況に違いない。蒸溜所ツアーの受け入れのための改築費用に総額700億円にのぼる設備投資が必要だとしても、世界からのスコッチ大好きビジターを暖かく受け入れることが販売促進には最重要、という考えに経営

者が至ったということである。

毎年、毎年、スコットランドにおけるスコッチウィスキー蒸溜所の驚愕の設備投資の進捗状況は、この地を訪問するたびに驚かされる。今までとは一味も二味も異なったデカい資金が投入されているのだ。

マッカランとアードベッグのあり様

最近の白眉は、何と言ってもマッカラン蒸溜所だ。蒸溜所のとんでもなく立派なビジターセンターを、マッカラン自身が3年半かけて建造したのである。これは他の多くの蒸溜所が過去の歴史と伝統を踏襲することに努力したベクトルとはまったくかけ離れた建造物の設計施行である。

その思想は、バイオマス・プラントからのエネルギーを使用し、自然と対決するのではなくテクノロジーの調和を目指したようにさえ見える外観、そして内部のプラントともに未来的な設計がなされており、美術館的要素も多分に含まれているビジターセンターである。

大多数の蒸溜所の製造プラントに多く見

©VisitBritain/Andrew Pickett

られる突起物、危険物、上下の移動に伴う急勾配の階段などはほとんどなく、建造物の中でビジターがウィスキーの製造過程を知る行程が、まるでモダンアートを鑑賞にきたかのような錯覚さえ覚えるのだ。業態は違うが、2000年に開業したアイルランドのダブリンに造られたビールメーカー、ギネス社のビジターセンター博物館の進化形でもあるように…。

アードベッグ蒸溜所の金の掛け方も半端では無いが、これほどビジターを歓待する仕掛けは、日本の蒸溜所、酒蔵、焼酎メーカーでも、残念ながら大メーカー数社を除けばまずないと言わねばならない。それほどスコッチ

ウィスキーはビッグビジネスになったということである。

昨今のようなブームぶりからいえば、国産の熟成年数表示のボトルが不足するのもやむを得ないのかなと思われるほどにウィスキーシーンは過熱しているのである。それに拍車をかけたのは他ならぬサントリーであって、"ハイボール"を呼び水にしたキャンペーン規模での広告は大いに功を奏したのである。で、サントリー、ニッカ、キリンがモルト増産体制に入ったことはむべなるかな、である。

なにせ、ビールやジンと違ってスコッチウィスキーは、他の国で蒸溜されたモルトを混ぜ

てはいけない。スコットランド国内で生産をし、自国で樽に詰めて、自国内での熟成に最低で3年を要するのだ。ましてや10年、16年、21年といった年月を必要とするボトルの生産は、先見の明までもが必要とされる。昨今のようなスコッチウィスキー市場の活性化が20年前に分かっていたら誰も苦労はしない。よって、先を見越したスコッチ好きは、この先の価格上昇を考慮して大好きなボトルを数本購入し、本棚にでも隠しておく方が身のためかもしれない。当然、熟成感タップリの美味いスコッチウィスキーは値上がり必至と観て良い。

この書では、今私がここまで説明してきた状況下にあってもテイストを変えない蒸溜所のウィスキーを中心に、価格の上昇に見合ったテイストのウィスキーを選択、推薦することにしたい。気楽に言うが、意外とこの選択は難しいし、この先、確実に品薄になると予想されるボトルともなれば、なかなか人には秘密にしておきたいものである。が、今回は私が読者諸氏に最初で最後の秘密の胸の内を吐露してみた。順不同であり、ランク付けは読者諸氏に拠るものとしたい。

ARDBEG UIGEADAIL
「シングルモルト大学ピート科の入学証明。」

LAGAVULIN 12Years/16Years
「買いだめに走らせる・・・16年の美味さ。」

LAPHROAIG 10Years/18Years
「唯我独尊を地でいく、
アイラ島異端のテイスト。」

BOWMORE 17Years/18Years
「かつての名声ほどではないが、
上品で複雑な貴婦人との逢い引き。」

CAOL ILA 12Years
「複雑系の刺激が心地よい、
アイラ海峡の銘酒。」

BRUICHLADDICH PORT CHARLOTTE PC6/PC7
「濃密なヘヴィ級パンチを、
貴方の身体で受け止めろ!」

GLEN SCOTIA 16Years
「キンタイヤ半島の旧華族の栄光。」

SPRINGBANK 10Years 100 Proof
「適切にして正直、直球勝負の酒。」

TALISKER 18Years
「スカイ島の刺激を感じるのは、もはや
過去の栄光となった10年ではなく18年だ!」

DALMORE 15Years
「幾杯重ねても飽ない酒。」

CLYNELISH 14Years
「花畑での酔い心地とはこのこと。」

GLENFARCLAS 105
「60度!
鉄の女・サッチャー女史の心意気で呑む。」

CRAGGANMORE 12Years/ DOUBLE MATURED
「複雑系の権化にして、
隠れたままでいてほしい銘酒。」

BALVENIE DOUBLEWOOD 12 Years/
　　　　　　SINGLE BARREL 15Years
「極めれば…………。」

以上に、
BENRIACH 12Years
GLENDRONACH 15Years
anCnoc（KNOCKDHU）12Years/16Years
LINKWOOD 12Years
も加えておきます。

フェイバリット・ワン! を見つけるには

　これぞ! という1本を見つける方法は、テイ
ストの割に価格が落ち着いている隠れた美
味いボトルを捜す手間と努力を惜しまないこ
とに尽きると思う。近年の需要急増に裏打ち
され、スコッチウィスキーの蒸溜所は100軒以

上に増加し、熟成年式、熟成樽の異なるボトルも数多く発売されている。「これだ！」と思わせるようなボトルは必ず見つかる。そのヒントとしては、有名ではないが、美味いウィスキーを真面目に造る蒸溜所のボトル、日本人が読みにくい綴り、発音しにくいブランド名（例＝クライヌリッシュ、グレンキンチー、ダルウィニー、クラガンモア、グレンギリー）などは意外と知られていないので穴ではある。

最後に、スコッチウィスキーはどこの国でよく飲まれているのか？

　次頁のリストは、2017年時点でのスコッチウィスキーの輸出金額だ。

　これをみると、アメリカにはバーボンが、フランスにはブランデーという蒸溜酒があるにも関わらず、この呑みっぷりはすごい。なんとシンガポールは、人口600万人に比例してこのすさまじいウィスキー購買金額…。どのように考えたらいいのか。中国、マレーシアなどの金持ち旅行客購入費も入っているのだろうか。高額なスコッチを飲むのだろうか。貯め込む

のだろうか。転売するのだろうか。

　そしてドイツには美味いビールが、スペインにはワインがあるのにこりゃまた驚きだ。UAEはアルコール類御法度のイスラム教だったのではなかったか？　たった900万人の人口の国の飲む金額ではないような気がするが。イスラム他国への販売なのか？　謎は深まるばかりである。

　さらに、100％以上の伸び率を示したバルト3国の1つ、ラトビアの国内総生産はほぼ山梨県に匹敵する経済規模だが、この大量消費はどういうことであろう。人口230万人で世界のウィスキー購入ベスト10入りはなんと表現したら良いのか。経済力か、ウオッカからの鞍替えなのかは不明。

　また中国は、経済力の驚異的な伸びと人口からみれば、18位に収まっているような国ではない。これからは急激に順位を上げてくることは間違いないとみる。本土では、多くの蒸溜所が建造中と聞く。なお、台湾もがっちりと6位につけて健闘中。何といってもKAVALAN蒸溜所を造る程なので、よほどいけるのであろう。

世界のスコッチウィスキー輸入国 **BEST 20**

1位	アメリカ	133,690,000,000円 +7.7%	11位	インド	15,080,000,000円 +7.2%
2位	フランス	63,075,000,000円 +2.2%	12位	オーストラリア	14,935,000,000円 +2.8%
3位	シンガポール	42,195,000,000円 +29.4%	13位	日本	14,210,000,000円 +18.8%
4位	ドイツ	27,115,000,000円 +13.7%	14位	オランダ	12,345,000,000円 +11.7%
5位	スペイン	25,375,000,000円 +5.2%	15位	カナダ	12,035,000,000円 +13.2%
6位	台湾	23,200,000,000円 −8.3%	16位	韓国	10,440,000,000円 −18.2%
7位	UAE	18,850,000,000円 −1.2%	17位	ポーランド	9,860,000,000円 +8.6%
8位	ラトビア	17,545,000,000円 +104.7%	18位	中国	8,845,000,000円 +47.4%
9位	南アフリカ	16,530,000,000円 +20.7%	19位	ブラジル	8,120,000,000円 +1.1%
10位	メキシコ	16,095,000,000円 −0.4%	20位	トルコ	7,685,000,000円 −0.4%

※ SCOTTISH FIELD Whisky Challenge 2017年出典による。　※＋−表記は前年度との比較。

　これらを逐一みてみると今後の急激な伸張は必須と思われ、良質な樽で熟成したスコッチウィスキー原酒の枯渇、高騰は避けられないのであろう。

　アフリカ最大の経済大国である南アフリカ共和国は、5,000万人の人口を擁しているがジニ係数（所得格差の指標）は世界で最も高く、極端な貧困層が多数を占めているにも関わらずの大量消費である。英国の植民地だったなごりと、アパルトヘイトの廃止で20％→9％まで減少した白人のみならず、中間層、富裕層が存在するのだろうか。

　日本においては、2014年9月にNHK連続TV小説「マッサン」が放送され、折からの国内ウィスキーメーカーが起こしたハイボールのプロモーション開始などで、何度目かのウイスキーブームが始まった。スコッチウィスキーの輸入も18％と著しい伸張がみられ、市場は活性化している。のではあるが、ほとんど炭酸水の透明に近いハイボールを飲んでいる我が国のユーザーは、スコッチとバーボンの味の違いを分かって飲んでいるのかとの疑念も少なからず…。

今、何故、スコッチに目を向けるべきなのか 長々とした前口上からお聞きください！

文＝和智英樹（フォトグラファー）

まずはジャパニーズという名の「幻」への序章

サントリーはメディアに向けて2018年6月以降、ブレンデッドの『響17年』と、シングルモルト『白州12年』の販売休止を決定したというアナウンスを行なった。

このニュースがメディアで流されるや、日本での転売市場は即座に反応。ネットオークションなどでの市場価格は沸騰し、発売当初の希望小売価格の2〜3倍以上の価格を付ける異常さを見せた。転売価格は『響17年』が5〜10万円、『白州12年』が3〜5万円という、日本人の、ごくフツーの酒飲みにとってはクレージーな状態になってしまったのである。

念のために言っておくと、元々これらのボトルは適切な価格での入手が極めて困難な状況にあった。通常、我々がウィスキーを買っている酒屋や量販店、スーパーの店頭でこれらを見かけることはまずない。元々が流通量の少ない希少ボトルである上、それらの大半が、一部の姑息な連中の手によってインフレ相場のオークション市場に流れているので

ある。価格のつり上げ。全く迷惑な話である。あなた、それでも飲みますか？

価格暴騰の元凶、「転売屋」

これら2本の元々の希望小売価格は、『響17年』が12,000円、『白州12年』が8,500円という、高額ではあるが品質から見て妥当と思えるものであった。しかし、本当の酒飲みにはこの高騰したボトルにはおいそれと手は出せない。実際に手を出しているのは投機（投資ではない）目的の転売屋、もしくは、客に「ございません！」とは言えないBarなどの関係者、そして顔の見えない（正体不明の）コレクターだけであろう。そして、そのコレクターも機を見ては、転売市場に乱入するのだ。

単にウィスキーを愛する一般的なドリンカーである私は、これらの市価を暴騰させている連中はみな気に入らない。中でも、特に、転売屋という人種が気に入らない。インターネットを利用した卑しい小商売なのだが、極めて腹立たしい。罵倒してやりたいほどだ。

大体、この転売屋という人種は、個人売買

といえど、転売を継続的に行なったり、(職業的な)営利目的という判断を当局(国税庁酒税課)が下せば、それらの行為そのものが酒税法違反に問われることを理解しているのかも疑わしい連中なのである。

さらに言っておくと、酒税法違反ということになれば、「1年以下の懲役、もしくは50万円以下の罰金」である。「罰金」というのは、犯罪に対して課せられるものであって、単にスピード違反や、駐車違反のような「反則金」などとは次元の違うものなのだ。前科が付くスレスレと言えばご理解いただけるだろうか。

しかし現状ではここからここまではセーフで、この線以上は違反ですよ、という明確な規定はなく、あくまでも個別判断ということになるから、転売屋の蔓延りが止まらないのである。その上、ネットオークション以外にも、日本で入手して、国外に持ち帰って同様のあくどい小商売を繰り返す連中もいるのである。この時点で、日本の法からは隔絶されてしまうわけで、現行の制度では手も足も出ない。

当局も監視はしているらしいのではあるが、通常、「家庭内の不用品」の売買とは言えないレベルの「一度に大量」、あるいは継続的に同一人物が行なっていれば、当局の目に付きやすいかな、といった程度の話であるから撲滅は不能である。

現在、彼ら転売屋のターゲットとなっているのはネット市場だけではなく、日本の地方に点在する多くの一般小売酒店であり、メインマーケットからはシャドーになっている、"純正価格"がキープされたクリーンな市場である。だからこれは、私的には自分が飲んで楽しむのではなく、転売で価格を吊り上げることだけが狙いのマーケット荒らしそのものだ。この手の連中が、全国各地に蔓延っているとなれば、私の気持ちはとても心安らかとはいかないのだ。

純粋に酒を愛する一人のドリンカーとしては、怒りの矛先の向け先すらないから、ここに書かせていただいた。

3,250万円の『山崎』

2018年1月27日、香港で開催されたサザビーズのオークションで、2011年発売のシン

今、何故、スコッチに目を向けるべきなのか
長々とした前口上からお聞きください!

グルモルト、『山崎50年』が、2,337,000香港ドル（3,250万円）という常軌を逸する価格で落札された。

この『山崎50年』というボトルは、限定で150本のみがリリースされたものだ。が、元々が2011年の発売当初の希望小売価格100万円という超ド級の高級品であった。そして、3,250万円というバカ値以前にも、2016年には850万円という値を付けたこともあり、世界でも最も高額なウィスキーの1本とされているのだが、現在ではついに、発売当初価格のじつに30倍以上という「現代ウィスキー」の独立峰の頂点に立ったのである。

この『山崎50年』は例外ではあるが、現在では"幻のブランド"となってしまった旧メルシャン軽井沢蒸溜所産のシングルモルト『軽井沢』も、オークション市場では、かつて、296本の総額が1億700万円で落札されている。この中には単一で1,400万円が付けられた『軽井沢50年』も含まれていることも申し添えておく。ある意味、拝金主義の極致でもある。

そして、「サザビーズ」のようなメジャーオークションではない、一般町人御用達のネットオークションなどの相場でも、前述のごとく、日常的に（我々の身近にある筈のボトルの）価格が異常高騰を続けているのだ。そのジャパニーズウィスキーのプレミアムが、この冒頭に記した、サントリーのブレンデッド、『響』の12年以上のボトルである。が、それさえも、人気の異常沸騰によって幻の領域に入りつつある12年以上のシングルモルト『山崎』には及ばないのである。

プレミアムボトル、『響』にまつわる話

『響』という日本産ブレンデッドウィスキーの知名度が世界的に広まったのは、実はハリウッド映画のヒットからである。

2001年、イングランドのウィスキー雑誌「ウィスキーマガジン」の主催する、ウィスキーのブラインドテイスティングのコンペでは、ニッカの『余市シングルカスク10年』が1位。そしてこの『響21年』が2位を受賞。日本産の2本が1位、2位という結果となったのだが、とりわけこのジャパニーズの秀作ブレンデッド『響』というブランド名は、このコンペ以降、世界のウィス

キーシーンの中で、にわかに注目を集めるようにはなっていたのだ。が、それはコアなウィスキーファンに限っての話。ウィスキー最大のマーケット、アメリカにおけるごく一般のドリンカーにまで、『響』の知名度を浸透させたのは、1本のハリウッド映画からというのが実際のところだ。

その映画とは、2004年に公開（日本）されたソフィア・コッポラ監督の、「ロスト・イン・トランスレーション」である。主演はコメディに絶妙な味を醸し出すビル・マーレイ。

映画のストーリーは、サントリー（実名そのままの設定だ）のCM出演のために来日したハリウッドスター、ボブ・ハリス（ビル・マーレイが扮する）と、時を同じくして来日していた、とあるアメリカ人夫妻の妻との間にまつわるロマンチックな逸話を軸にした心理描写と、孤独感が表現された話である。そしてその映画内でのCM制作の目的設定が、『響』のCM撮影なのであった。

監督はフランシス・コッポラの娘、ソフィア・コッポラであるが、この映画自体がサントリーと、映画製作会社とのコラボかどうかは不明

である。が、コラボだったとしたらその日本側の企画立案者にとっては秀逸な仕事だったし、プロデューサーであるフランシス・コッポラが、たまたま『響』を小道具に選んだに過ぎないというのであれば、何という幸運であろう

今、何故、スコッチに目を向けるべきなのか
長々とした前口上からお聞きください!

か。まさに"もっている"1本と言わねばならない。

そしてその映画はアメリカではかなりなヒットとなって、同時に『響』も映画同様に知名度、セールス共に順調に進展していったのではある。が、ここにきて、意図せぬ結果が訪れる。

サントリーは、2015年にはまず『響12年』をディスコンとし、そして今回の『響17年』や『白州12年』をもディスコンとせねばならない事態を招いてしまったのである。しかも、それらの事態は唐突に訪れたものではない。充分に予想された事態であって、ついに来るべきものが…、というのが現実である。

原酒不足と広告戦略の功罪

原因は一にも二にもウェアハウス(ヴォウルトとも呼ばれる熟成貯蔵庫)内に熟成備蓄している、年数の進んだ古い原酒の枯渇である。だから、単に『響』の年数表示ボトルのみならず、同様に古い原酒を使用するシングルモルト『山崎』も、白州蒸溜所産のシングルモルト『白州』もそのあおりを食った。シングルモルトは、ブレンデッドよりもある特定のモルトのみを集中使用するから事態はさらに深刻だ。『山崎』が幻と化したのは当然の結果でもある。

これらの古酒(原酒)の枯渇という事態は、サントリーが展開した高級化戦略という営業コンセプトが大当たりした結果でもあるのだが、同時にキャンペーンを張った、若年層を対象とした「ハイボール」によるウィスキーイメージの浸透戦略が大当たりした結果でもある。このハイボール浸透路線が"高級"ボトルをも若年層に引き寄せてしまった。

元々、戦後のウィスキーのチョイスもままならなかった時代に、ウィスキーの品質、味わいをゴマ化すための方便的飲みモノだったものを、ちょっと気取ってハイクラス(大衆品、町人クラスではない)をイメージさせて煽ってしまった結果である。で、『響』や『山崎』までもが若者相手のバーやクラブでも出されるようになってしまった。ウィスキーの味の何たるかさえも危うい連中が、これらに容易に手を出す(出させる)雰囲気を醸し出した広告の量的剛腕。見事なものである。しかし、これが同

時に大きなブーメランとなって、プレミアムボトルの流通量を激減させてしまったのである。

何故、原酒不足となってしまったのか

実際のところ、1980年代初頭のウィスキーブームの頃、業界的にはウィスキー市場はこのまま順調に拡大すると見られていた。しかし、現実は反対の方向に転んだ。1983年頃をピークにウィスキー需要は右肩下がりの下降線。21世紀に入っても状況は変わらず、2008年にはウィスキーの出荷量は25年前の1/5にまで落ち込んでしまったのである。

そんな世の中のウィスキー離れという状況の元、メーカーとすればウィスキー造りの根幹である原酒の仕込み量を減らすなどの対

サントリー 山崎蒸溜所のウェアハウス。原酒の枯渇を防ぐため、サントリーは生産体制強化やウェアハウス増設などの手を打っているが、その成果を得るにはあまりにも時間がかかる。

策を取らざるを得ない。生産調整という名の守りの戦術である。結論を先に言えば、この仕込み量の減少が、今になって大きくのしかかっているわけである。

　一方、ウィスキーの出荷量が激減した後のメーカーのウェアハウスには、ウィスキーの不人気によって1980年代以降に仕込んだ原酒の使用量が激減し、エイジング（熟成）を重ねる結果となり、好い具合に熟成された原酒が豊富にストックされていた。有り体に言えば、在庫過多である。

　この豊富な10年、20年以上の原酒は、流通の量的な主軸である中級以下のエントリーボトルとは路線の異なる、高級ボトルの商品開発の基となって、商品の高級化路線がスタートしたのである。

　『山崎』や『響』、『白州』などの12年、17年、21年という年数表示ボトルがそれである。そしてこれらのボトルは、ウィスキーの国際コンペにおいて、次々に賞を獲得。「ジャパニーズウィスキー」というジャンルを世界のウィスキーシーンに印象付けていったのだ。

　で、それから10年の時は流れて、『山崎』や

『響』は、プレミアムボトルとして世界的に認知され、流通量は需要には追い付かないという状態が続くこととなった。しかし、流通量が不足したからといって、原酒が枯渇している状況では増産は不可能。そして、ついにはウィスキー需要が落ち込んだ当時の原酒は使い切って枯渇の時を迎えたのだ。

熟成年数

結果として冒頭に記したように、『山崎』や『響』、『白州』のような年数表示ボトルはディスコンとせねばならない状況が到来した。こうなってみて初めて代替策として、熟成途上にあるまだ若い年数の原酒を、残り少ない古原酒をわずかに取り混ぜてブレンドした「年数非表示」ボトルをリリースし始めたのである。しかし、"年数非表示"というイメージから受ける印象には、相当な格落ち感が付きまとう。

で、「ございません！」とは言い難いが故に、年数非表示という"似て非なるもの"まで動員してはみたものの、本来のジャパニーズプレミアムは、蜃気楼の向こうに消えたままというわけで、有り体に言えば、名声を得たと同時に商品が枯渇し、売るタマがない！高級ボトルの空洞化、これが日本のウィスキーシーンの現在の、偽りなき状況である。

さて、ここにきてサントリーは佐賀県内に、180億円もの巨額を投じて大規模な熟成貯蔵施設を開設する予定だとかの話もあるのだが、何といっても21世紀に入って以降の生産調整が、ここにきて重くのしかかっている。順当に、年ごとの原酒仕込み量が一定であったならば、今更の原酒不足という事態には陥っていなかったことを鑑みれば、何を今更感もあるのだが、"背に腹"感どころか、随分と思い切った前向き姿勢ではある。

ウィスキーは造ればすぐに売れるという商品ではない。まず、最低でも5年は熟成させたいところであり、欲を言えば10〜12年以上は熟成させるのが理想である。が、さらに『山崎』や『響』のようなクオリティを売りものにするプレミアム商品には、15年以上の熟成期間は不可欠である。マニア垂涎の年数表示ボトルの復活は、一体いつになるのか、想像すらつかない展開ではある。

今、何故、スコッチに目を向けるべきなのか
長々とした前口上からお聞きください！

原酒不足
スコッチにも厳しい時代が…

　この原酒不足という状況は、熟成年数表示の本家本元であるスコットランドの有名蒸溜所にも押し寄せている。昨今のシングルモルトブームの影響で、日本と同様に特定の年数以上の原酒に枯渇が生じているのだ。一言で評すれば、ブームによって栄華と衰退が同時に押し寄せたのである。

　『グレンフィディック』や『ザ・グレンリベット』などの最大手はともかく。個性溢れるボトルが人気を集めているアイラ島の『ラガヴーリン』や、オークニー島の『スキャパ』なども、16年モノを含む、年数表示ボトルのリリースを取りやめる動きがここにきて顕在化し始めているのだ。

　特に『16年』という、価格と品質がジャストマッチした高人気ボトルが軒並みディスコンになりそうなのであり、さらには『12年』というスタンダードな大看板までこの影響が及んでいるのだ。こうなってみると流通在庫の値上がりはひどい状況になって、転売屋の小金持ちがほくそ笑むだけという状況が目に見えているだけに、やりきれない気持ちが沸々である。

　蒸溜所が独自にリリースしているオフィシャルボトルには、蒸溜所名と年数が表示されただけの、『タリスカー 10年』だの『ボウモア12年』、『アードベッグ10年』、『ラフロイグ10年』といったオリジナルボトルが、そのラインナップの中に鎮座していて、『10年』、『12年』、『16年』、『21年』などのように年数による区分けはされているものの、この「蒸溜所名＋年数」の単純表示ボトルこそが、その蒸溜所の特徴、味わいをダイレクトに主張する大看板なのである。野球で例えるならば「直球」そのものだ。

　これらに対し、同年式ながら熟成の樽の種類、つまり半ば常識化している「バーボンカスク」や「シェリーカスク」に加えてあらゆる種類の「ワイン」、「ポートワイン」、「ラム酒」、時には「梅酒」の樽まで動員してブレンドさせた原酒に、時には、例えば12年が主体になった原酒に年式違いの「21年」をさらにバッティングさせるなどの手法を駆使して創り出したスペ

今、何故、スコッチに目を向けるべきなのか
長々とした前口上からお聞きください!

シャルバージョンもラインナップに加えて商品構成にバラエティ感を持たせている。が、これらスペシャルバージョンは「直球」に対しては「変化球」といった存在である。そして、これらはそのボトルに効かせた小技によって、様々にネーミングが付加されて「直球」とは一味、二味異なったボトルであることを主張している。

で、実はこれまではラインナップを拡充する手法として存在していた「変化球」ボトルが、

原酒不足によって生じる大看板である「直球」ボトルの味落ち、クオリティ不足から目を逸らせるギミックとなっているのである。もちろん、これらのボトルにはそれなりのクオリティは備わっているのではあるが、明らかに"味の落ちた"レギュラーボトルの風除けになっているのである。

私的にはスコットランドの蒸溜所は、(その規模に応じた)長期的ビジョンに基づく生産計画(と、私は理解していたのだが…)と、爆

スペイサイドで最も規模の小さなベンロマック蒸溜所。度重なる閉鎖の憂き目に遭うも、インディペンデントボトラーの雄、ゴードン&マクファイル社悲願の蒸溜所として稼働を続けている。

発はせず、深く静かに潜行する"密やか"な人気という観点からいって、当面の波風は立つまいと予測していたのではあるが…。その密やかな筈の人気がブームという形で表立ってしまって、逆に原酒の枯渇を招いたのは、日本のメーカーと同様だったのである。ただし、日本と状況が違うのは、生産調整、減産を原因とする原酒不足ではない点だ。

スコッチの蒸溜所の場合、その家内工業的な生産規模からいって、キャパシティが元々小さいのである。そして後にも触れるが、旧態依然かつ頑固一徹な精神風土が規模の拡大を拒み、生産量の増大もままならない状況のままで推移してしまった。言い換えればある種の惰性に流されてきた結果でもある。しかし、その保守性こそがスコッチを世界に冠たる酒にのし上げてきた要因でもあるから話はややこしい。

世界のウィスキー業界は（日本を除いて）どこも、スコットランドであろうがアメリカであろうが、例外はなく、壮絶な浮き沈みを繰り返してきた。休眠、廃業、買収、吸収の連続という時代をしぶとく生き延びて現在のウィスキーシー

ンが醸成されてきたわけだが、今突然としてその波風の一端が垣間見れる時代がやって来たのだろうか。そしてその一方で、スコットランドでは新しい蒸溜所の設立もこの2～3年で10件以上に及び、稼働を始めている。

ブレンデッドとシングルモルトとボトラーの存在

現在では、スコットランドの蒸溜所の大半は、その蒸溜所ごとに、自社の個性を主張する「シングルモルト」のオリジナルボトルをリリースしている。しかし、スコットランドの蒸溜所の産するモルト原酒は、元々が、ブレンデッドウィスキーのボトラー（メーカー）向けにモルト（原酒）の供給を社業の柱としていて、シングルモルトの販売は考えもしていなかったのである。そしてその供給先であるボトラーはカウント不能なほどの数があるのだ。

シングルモルトの元祖はウィリアム・グラント＆サンズ社の『グレンフィディック』。1963年に最初のシングルモルトをリリースしたのだが、当時の業界の反応は極めて冷ややかなもの

であったという。何故ならば、この当時、単一のモルトだけで"売れる"酒が出来るわけがない。というのが業界の常識であったからだ。スコッチウィスキーとは、数種から数十種のモルトと、やはり複数のグレーンをブレンドして造られる「ブレンデッド」ウィスキーのことであり、それ以外は常識の埒外でさえあったのだ。が、『グレンフィディック』は、その常識を見事に覆して見せた。

シングルモルト『グレンフィディック』の大成功は、業界に革命同然の変革をもたらすこととなる。シングルモルトをリリースする蒸溜所が次々と現れて、現在の業界構造が出現することとなったのだ。

が、多くの蒸溜所にとっての社業の本筋は、ブレンデッドのボトラーに、その蒸溜所の産するモルトをブレンデッドの一原料として供給することである。それも『ジョニー・ウォーカー』や『シーバスリーガル』、『バランタイン』、『ホワイトホース』などのブレンデッドの有名どころ(大手)に、自社の製造するモルトの納入が最優先される。そして次に、インディペンデントのボトラーに相当数のカスク(樽)は流される。だから蒸溜所オリジナルのシングルモルトのリリースは、余剰分で生産するにすぎないのだ。実際、大手ボトラーの大半は、自社のブレンデッドに不可欠な基幹モルトを産する蒸溜所には資本参加すらしているのである。

多くの場合、フィリング(樽詰め)した段階でニューポット(出来立てのモルト原酒)は、ボトラーによって何年も前から青田買いされていて、蒸溜所の所有するウェアハウスに眠っているカスクは、自社分と、売却済みのものが混在している。多くの場合、ボトラーの大手ともなると巨大なウェアハウスを複数自社所有している事例が多く、複数の蒸溜所から納入された膨大な量のカスクがストック、熟成されている。で、目を蒸溜所に転じてみれば、"自前の"原酒はごく少量しか残されてはいないのである。

シングルモルトウィスキーで大成功を収めた、グレンフィディック蒸溜所の双頭のキルン。創業家一族が経営を続ける数少ない蒸溜所かつ、合計28基の蒸溜器で年間1,000万リットル以上もの生産能力を誇る、業界屈指の蒸溜所だ。

スコッチにおける
ウィスキー業界のカオス

　現在のスコットランドの蒸溜所は、その多くがDIAGEO（ディアジオ）社に代表される、ほんの数社の巨大かつ国際的なアルコールビバレッジの複合企業の傘下に組み入れられている。蒸溜所の業界での浮き沈みの激しさに関しては前述の通りであるが、それらは単に営業実績の波が激しいからだけではない。

　伝統の製法、味わい＝旧態を変えたくないという一点に固執しがちな中小以下の零細な会社規模に由来する、頑固一徹な非効率的な精神風土が招いた必然的結果でもある。旧態を変えたくないという理念は、逆説的には継続的な惰性でもある。ま、それらの経営形態は変えたくても変えられないという事情もあって、現在のスコッチシーンに繋がってくるのである。

パッケージの変更は味わいの変更

　「ブレンデッド」のボトラーは、ブレンダーがモルトだけでも多い場合は数十種類、それに複数のグレーンをブレンドしてボトルの味わい、香りを醸成する。だから、ある特定の樽が枯渇してしまったとしても、ブレンダーは膨大なストックの中から、"代替"となる原酒を探し出し、同様の味わい、香りとなるようにブレンドを再構成する。だから、それまでのブレンデッドウィスキーとしての製品とはほぼ近似値の

今、何故、スコッチに目を向けるべきなのか
長々とした前口上からお聞きください!

味わい、香りがキープできるのである。

　しかし、ストックするカスクの如何によっては、そういう修正が不可能な場合も出てくる。こんな場合、メーカーとしてはそのブランド伝統の味わいのベクトルはキープしたうえで（変化は最小限としながら）、意図的にラベルデザインを変えて、顧客にボトルの味わいの変革をアピールするのだ。

　集中して安スコッチを飲み続けている私の経験からは、ラベルデザインのみ変更された場合は、「あ！ ちょっと変わったな！」程度であっても、味わいの変化ははっきりと識別でき、ボトルのシェイプまで変わった場合は、味わいのコンセプト、ベクトルに逸脱はないものの、"かなり"変わったな、との印象を受ける場合が多い。そして、ほとんどが美味＝上質感を盛られてはいるのだが、中には「落ちたな！」と思える場合もありうるのである。『ティーチャーズ』、『ベルズ』、『フォートウィリアム』などはその前者であり、『ホワイトホース』や『ハディントンハウス』などは、その残念な例の典型である。「この価格で、この味、このクオリティ…」と認知されていた評価は数段落ち

で、次のラベル変更が待たれるところである。

ボトラーという名の脇役の存在

　またモルトウィスキーのリリースを専門とするボトラーもあって、ある蒸溜所の、ある特定の原酒が枯渇してもボトラーには同じ年数の原酒の樽がストックされている場合もあって、「ボトラーズブランド」がオリジナルブランド同様に流通しているのである。その会社のリリースするボトルは、原酒を生産した蒸溜所とは異なった独自の熟成がされる場合が多く、蒸溜所のオフィシャルボトルとは、例えば同じ「12年」のシングルモルトであっても、かなりニュアンスの異なるボトルが送り出されるのだ。だからオフィシャルブランドもボトラーズブランドも同一の市場で両立しているのである。

　また蒸溜所の異なる複数のカスクから、複数以上のモルトをピックアップしてブレンドする「ブレンデッドモルト」、あるいは「ヴァッテッドモルト」と呼ばれるボトルもリリースされている。

安スコッチを愛飲する御仁は、ラベルデザインの変化はもちろん、ボトルシェイプの変化にも注目されたし。1,750mlなどという業務用レベルのボトルまでラインナップするようであれば…。

　これらの中には、このところ人気上昇中の『SMOKEHEAD』や『Big Peat』に代表される"ピーティ＆スモーキー"系の、アイランズやアイラ島の蒸溜所産のみのモルトをヴァッティングさせたボトルが何社からもリリースされ、その存在感とブームを際立たせている。

　このボトラーという存在によってスコットランドのウィスキー事情は、かなり複雑なウィスキーシーンが描き出されている。翻って日本の場合は、サントリーなりニッカがある種の原酒が枯渇を迎えれば、それはそれでお終い。その原酒は日本中どこを探しても存在はしない。メーカーによる寡占という一点において、スコットランドの場合とは甚だ底の薄いウィスキーシーンを創り出しているのである。

ジャパニーズブレンデッドの難しさ

　日本のメーカーはニッカにせよサントリーにせよ、ブレンデッドを造る場合、ブレンドする原酒は全て自社のウェアハウスの中からピックアップするのだが、当然、それらの原酒は自社生産したものである。だから、ウェアハウス

の存在する場所、立地条件、樽の大小の種類、樽材の種類、新樽かリビルドか、積み方、貯蔵位置、はたまた蒸溜器の種類、蒸溜法まで様々に変えて、きめ細やかに工夫を凝らして多くの種類の個性の異なる原酒を造り出す。が、これはモルト原酒の場合であって、グレーンともなるとその種類（タイプ）はかなり少ない。

スコットランドとの決定的な違いは、この種類（タイプ）の多様さにある。スコッチの場合、同一のブレンデッド製品に使用する原酒のメーカー（蒸溜所）の数が膨大である。日本は、自社1社のみ（と、いうことになっていて、輸入品混在とは決して言わない）。スコットランドの場合はモルト、グレーン共に数十の蒸溜所から集めた原酒を使用していて、様々なバリエーションに対応が可能なのである。

このストック（熟成備蓄）する原酒の多様さ、量の違いが、日本とスコットランドのウィスキーの多様さ、懐の広さに決定的に反映する。特定の原酒の枯渇がダイレクトに生産量、流通量に跳ね返り、販売戦略にも跳ね返って市場価格の高騰に反映されてしまう

のが日本であり、ウィスキーを取り巻く環境の狭さ、懐の狭さを表面化させる業界構造の象徴であり、宿命でもある。

「ジャパニーズ」と「無国籍」

しかし、古原酒の枯渇という問題は、あくまでもプレミアムクラスの場合であって、大多数の我がご同輩の方々が手を出すベーシックな町人クラスの場合とは事情が違う。

元々が熟成年数を表示するようなクラスではないから、熟成3年未満の若い原酒を使ったり、クラスによっては海外からバルク買いしてきたモルトやグレーンの使用比率がかなり高かったりするのである。どう日本産を謳おうとも、メーカーの製品の出荷量とモルトなどの原酒の生産量を対比させてみれば一目瞭然だ。何といっても、ボトリングさえ国内で行なえば、"生産国"は日本となるのだから…。原酒の生産国が何処であろうと、造る側としては知ったこっちゃないのである。

何故、こうなってしまうのかと言えば、日本ではスコッチやアイリッシュやバーボンのよう

に、最低熟成年数が決められてはいない。例えばスコッチならば最低3年という熟成期間の法的な縛りがあるが、日本にはこの決まりはなく、原料や蒸溜方式も勝手。その上、モルトやグレーン以外の原料の混入があろうと、着色料の使用があろうと一切合切が違法にはならない。ただ食品衛生法を守り、酒税さえきちんと払っていればすべてOK。何となく、それらしき味わいになっていさえすれば、熟成年数も原酒の生産国も問題とはならないのである。

スコッチの法的な縛りは、あくまでも「スコッチウィスキー」と謳って製品化する場合にのみ適用される。そしてモルトなり、グレーンを「単品」、つまり原材料として輸出する場合は、この制約はない。だから、蒸溜後、3年の熟成を待たない若い原酒の輸出は当然のように行なわれていて、その輸出先の顧客リストには日本のメーカーもしっかりと記載されているのだ。

何の法の規制も受けずに製造可能な商品を、「美味けりゃいいだろう!」という姿勢で造り続けるのが、我が日本のメーカーサイド

の姿勢であり、ジャパニーズなりの法的根拠に基づいた"縛り"を提案しようものならば、露骨に拒絶反応を現わすのも、そのメーカーサイドなのである。

二律背反

このベーシッククラスのウィスキーは、ビールに例えるならば「発泡酒」クラスと言っていい。それらしき味わいをでっち上げることに関して、我が国のメーカーは天才的な閃きを見せる。ただ、ビールに対しては「発泡酒」と謳っているから全然問題にはならないが、「ウィスキー」の場合は、単に「国産ウィスキー」としか表記されないから消費者は混乱するのである。

念には念を入れた、世界に名高い高級ジャパニーズ路線と、国籍不明なエントリークラス、2路線同時進行のプロダクトがここにあって、品質の差別化も同時に図るという二律背反が露骨に表れる部分である。そして、自らがリリースするエントリーボトルに対しては、一切合切コメントはなく、ラベルにもその

手の表記はない。

　そして、このクラスのボトル（『ブラックニッカ』が日本ではNo.1の売り上げだそうだ!）に手を出しているご同輩の方々の多くは、前述のプレミアムジャパニーズの、血統の一端にある"国産"ボトルを飲んでいるつもりでいる、あるいは国産であることを信じていたいのであろうか。まさか、生産国不明、かつ品質も不明なウィスキーを飲んでいると思っている方々はおられないとは思うのだが…。

　確かに、『響』や『山崎』や『余市』、『竹鶴』などの、トップエンド商品を象徴的に扱う広告によって、エントリークラスの商品もそれら高級路線の流れの一端にある1本であるかのようなイメージ効果（実際には、そういうアナウンスも宣伝もしてはいないが…）に乗せられた客側が、勝手にそう思い込んでいるだけなのだが、もし、本当にそう思っているのならば哀しい話である。

　国の定めた「スコッチ」という規格のような、「ジャパニーズ」という名の品質保証が私は欲しいのである。せめて「生産国」とは別に、原材料（原酒）の原産国名を表示するだけ

の配慮もあって然るべきと私は思うのだが。

　ウィスキーとは個性を楽しむ酒である。私を含むご同輩たちが手を出しやすいクラスの国産ウィスキーと、ほぼ同価格の1,000円スコッチも現在では輸入される種類も極めて

多く、味わいの幅も個性も、選択の自由さにも事欠かない。その上、スコットランド政府による「Scotch Whisky」という錦の御旗までラベルには刷り込まれている。この一言は紛れもなくスコットランド政府による品質保証なのである。もちろん、一番大事なことなんだけど、これらはそれぞれに個性的であり、美味い！そしてさらに一言付け加えておくと、そのクラスの価格がキープされたスコッチの何種類かは、サントリーやニッカの系列会社が輸入し、流通させている。これを私はメーカーサイドの"罪滅ぼし"と受け取っているのだが…。

　日本のウィスキーは元々の発祥が、「スコッチ」の製法をそっくりそのまま真似た亜流（よりもより近似値なフルコピー）である。だからウィスキーの表記もスコットランド流の「Whisky」であって、他の国のような「Whiskey」ではないのだ。

　この辺りで、我がご同輩の方々も「日本産」という呪縛から一旦離れて、スコッチの描き出す深淵を覗いてみてはいかがだろうか。ジャパニーズウィスキーの大元はスコッチなのだから…。

MY FAVORITE CHOICE TEN !

和智 英樹

私のウィスキーラックに日常的に並べておきたいボトルを6年前に挙げておいた。しかし、昨今のウィスキーブームによって惹起された原酒不足に端を発し、"商売っ気"とクオリティダウンが目立つ現在のウィスキーシーンの中で、私の愛していた酒は無残にも選外となってしまった。で、現在の私のフェイバリットを上げ直してみると…。

いつもの宵に、いつもの酔い!
① **JOHNNIE WALKER DOUBLE BLACK**
　　近頃の妙に水っぽいシングルモルトよりも、この反則的なまでに凝ったスモーキーさを凝縮したブレンデッドが恒常的に我がウィスキーラックに並ぶこととなった。
② **MONKEY SHOULDER**
　　ブレンデッド (ヴァッテッド) モルトながらその味わいとクオリティと価格が見事にバランスした1本。"スモーキー"バージョンもあるがちょっと作為的すぎてこちらが吉。
③ **GLENFARCLAS 12 Years**
　　味わいとクオリティにブレがなく、かつお手頃。『105』と時々入れ替え。

日常生活の徒然の、ちょっとした節目、戸惑い、強気一本でやってきた人生に黄昏を感じた日の夜更けなど、一発背中をドヤしてもらいたい時に不可欠な1本。図らずもアイラの酒となってしまった。
④ **ARDBEG 10 Years**
⑤ **CAOL ILA 12 Years**

特別なことがあった日、心が安らいで腹の底に温かみを感じ、人生も悪いもんじゃないなと思える夜など、「清水の舞台から～」で、自分自身を優しく遇する時に…。
⑥ **LAGAVULIN 16 Years**
　　永遠にキープしておきたい私のプレミアム!
⑦ **KILCHOMAN 2010 VINTAGE 9 Years**
　　かつてこの蒸溜所を訪れ、発売3年目の『Machir Bay』を1本買った。3～5年熟成の若い原酒ながらそのまっとうな味わいにかなりな将来性を感じた。その正常進化した『9年』。お値段もまた…
⑧ **MORTLACH 16 Years**
　　スペイサイド産で最も気に入っている1本。

亡き愛犬を偲んで、かつて歩いた猟場が遠くに見える湖のキャンプサイトで、極めて小さな焚火の煙に眼をしばつかせながら呑む酒。
⑨ **GLENKINCHIE 12 Years**
　　味わい優しきローランドモルト。
⑩ **BUNNAHABHAIN 12 Years**
　　アイラ産の癒し系シングルモルト。しみじみとした銘酒だと思っている。

今日的スコッチ探訪への
プロローグ

文＝和智英樹（フォトグラファー）

日本で造ってもスコッチ？

　過日、TVをぼんやりと眺めていたら「湿原の中の泥炭層の穴をヤチマナコ（谷地眼）といって〜」とかいうナレーションが聴こえて、にわかに画面に注目。

　この"泥炭"という単語が私の気を引いたのだ。番組はNHK・BSの「北海道の水を巡る旅」（不正確かも？）とかいう企画もので、画面はさらに釧路湿原の水源の湖から始まって、湿原の中を流れる釧路川周辺の自然の話となり、ついには『厚岸蒸溜所』が登場。話の推移からして最適な時に、最適な題材の出現となったな！　と、感心した。

　で、この『厚岸蒸溜所』の取水場を紹介する場面では、水中を泳ぐ鮭の姿も映ってまた感心。今度は番組にではなく、蒸溜所の立地するロケーションとその取水場にここを選んだ蒸溜所にである。

　何故ならば、泥炭層を透り抜けた水が流れる川（この場合、支流だと思うが…）ならば、少なからずスコットランドの蒸溜所と共通点があるからで、実際スペイサイドを流れるスペイ川は、サケ釣りの聖地でもある。条件的にウィスキーの蒸溜には最適ではないか。

　俄かに興味がわいて平均気温を調べてみた。厚岸から釧路にかけては1月が最低でマイナス5.4℃で6月から10月までの4ヵ月間だけが2桁。冷涼である。

　これに対し、スコットランドでは1月の平均で

かつては「不毛の大地」と呼ばれた釧路湿原も、ウィスキー愛好家の目で見ればお宝（泥炭）の眠った聖地となるか。スコッチとは名乗れないものの、厚岸蒸溜所のウィスキーへの期待は膨らむ。

はマイナスになることはなく、夏の4ヵ月間だけが2桁になるのは厚岸と同じであった。つまり厚岸の方が冬は寒いということになる。ちなみにエディンバラもアイラ島も気温に大差はなく、年平均で8.9℃だそうだ。

そして厚岸沿岸の海霧の多い気候も、スコットランド・アイラ島に酷似している。海霧と吹き付ける海風の中のウェアハウス（熟成貯蔵庫）。さらに2基のポットスチルとマッシュタンはスペイサイド地方、ローゼスに居を構える蒸溜器具の老舗、フォーサイス社製。どう見ても『厚岸蒸溜所』は、スコッチを産する蒸溜所としか私には見えない。

しかし、スコッチはスコットランドで造られるウィスキーだからスコッチであるわけで、まったくスコットランドの製法をそのまま再現し、3年以上しっかり熟成させたにせよ、スコッチとは名乗れないうえ、何の品質保証も付加されない"ジャパニーズ"と名乗ることしかできないのだ。この点ちょっと情けない話であるが、何の規制も規格もなく、必ずしも国産である必要すらない"日本製"（なのか？）。これが現在のジャパニーズウィスキーの立ち位置であり、

現実なのだ。だから日本製の純正"スコッチ"が出来上がろうとも私的には大歓迎なのである。

本当の国産だけが"ジャパニーズ"と名乗れる資格付の名称の必要性を、少量生産ではあっても、まっとうに蒸溜し、まっとうに熟成させた生1本の日本製ウィスキーを製造する日本のクラフトマンにこそ感じてほしいのだが、私はそれを確かめたことはない。

ボーダーレス！
元々はスコッチだったのでは！

1920年、ニッカウィスキーの始祖・竹鶴政孝はスコットランド修行から帰国後、当時の摂津酒造の直属の上司である岩井喜一郎に「ウィスキー実習報告書」、通称「竹鶴ノート」を提出した。

これは後に日本のウィスキーの出発点ともなった唯一無二の文献であるが、後に竹鶴が日本初のウィスキーを製造した方法も、自身が書いたこの竹鶴ノートが出発点となっていた。

つまり、竹鶴が造ったウィスキーは近似値でもなく、相似形でもないスコッチそのものであったのだ。そしてこのウィスキーが、日本人のスモーキーなウィスキーに対する感性に合わなかったところから、独自の"脱スコッチ"化が始まり、日本人に受け入れられる現在のジャパニーズウィスキーに受け継がれていくのである。

が、企業としての利潤の追求が故に"日本製"が歪められてしまった現在と違い、この時代からかなりの期間は純正の日本ウィスキーは存在していたのだ。しかも、スコッチも同然の、相似形スコッチ=ジャパニーズとして。

現在、長野県上伊那郡の宮田村にある『マルス信州蒸溜所』のウェアハウスの脇には、「竹鶴ノート」の提出を受けた岩井喜一郎が、これをもとに設計した岩井式蒸溜器（ポットスチル）が、その役目を終えて展示されている。これを見ると日本のウィスキーの黎明期が彷彿されて何やら心楽しくもある。

TVドラマの「マッサン」以来、日本ではウィスキーブームが再来。にわかにジャパニーズウィスキーが注目され出した。そして同時にシングルモルト（スコッチの）もブームとなっているようなのだが、そんな中、サントリーの『山崎』のクオリティと人気は、スコッチの有名なシングルモルトをも凌駕するレベルに達していて、流通量の少なさに由来する半ば狂信的な人気を集めるボトルにまで祭り上げられてしまった。

で、この『山崎』、『白州』を始めとする、『余市』や『宮城峡』（ニッカ）などのスーパージャパニーズは、スコッチとどこがどう違うのか。最初に言っておくが、基本的にはどこも違わない。そう断言してもいい。

原料のモルトは輸入。この事情はスコットランドも同じ。すべてがスコットランド産ではなく、現状ではイングランドやドイツからの輸入に頼っているのである。ただピーティかノンピートかの違いだけであるが、近頃はサントリーでさえも一部ピーティなモルト（麦芽）を使用しているから、ますます彼我の差は薄れてきている。そしてニッカの場合、『余市蒸溜所』では伝統的にピーティモルトを使用していて、スコッチとの垣根は無いに等しいのである。

本坊酒造のマルス信州蒸溜所に展示されている、竹鶴ノートをもとに設計された岩井式蒸溜器。

そして蒸溜方式。これもポットスチルを使用するという基本的一点が同じであり、そのメーカーがスコットランドの会社か、日本の会社という違いはあっても、形状、加熱方法が同じであるから、現実的な違いはない。中にはフォーサイス製を輸入して設置するクラフトウィスキーの蒸溜所もあるから、現実的には1から10まで同じと考えて良い。蒸溜以前の工程であるマッシュタンやウォッシュバックもポットスチル同様、スコットランド方式である。

仕込み水

で、根源的なことを考えた。水＝仕込み水（マザーウォーター）の存在である。多くの場合、日本は水資源に恵まれているから、割と容易に良質な軟水が使用可能である。

この、仕込み水の違いが日本の蒸溜所とスコットランドの蒸溜所を分ける決定的な一点ではあるまいか。スコットランドの仕込み水の大半は、ピート（泥炭）層を透り抜けて湧い

厚岸の名所、愛冠（あいかっぷ）岬から望む筑紫恋海岸。海岸線より内にある（それでも僅か2km弱）厚岸蒸溜所は、施設内の他、よりこの海に近い場所にもウェアハウスを設置したというのだから、期待はますます膨らむ。

た水か、地中から汲み上げた水であるから、多かれ少なかれ、スモーキーさの根源が内包されているのだ。

　だから、ノンピートのモルトを純粋無垢の日本の軟水で仕上げれば、ノンピートのウィスキーが出来上がって当然だし、スコットランドの水で仕上げれば、例えノンピートモルトを使用したにせよ、多少なりともスモーキーさのあるウィスキーとなる。そういう道理である。

　しかし、前述の『厚岸蒸溜所』の場合はどうであろうか。取水場を流れる川にサケが泳ぐほどのスコットランド的環境であり、その水は泥炭層の川を流れて、あるいは透り抜けてきた水なのだ。この場合、1から10までスコッチと同じではないか。

　さらに言えば、ウェアハウスで熟成途上のカスク（樽）は、TVの映像をチラ見する限りどうもすべてがバーボンカスク（もちろん中古樽だ）なような気がする。であれば、これはスコットランドの蒸溜所の、ごく普遍的な光景であり、ダブルマチュード（2次熟成）以前の、ベーシックな熟成途上のウェアハウスそのものである。そして『厚岸』の外気には海霧のエッセンスと潮風の湿気。ウィスキーロマンには事欠かない。

　私は『厚岸』のジャパニーズスコッチが待ち遠しくてならない。

そして樽（材）

『山崎』や『余市』などのジャパニーズが
スーパーと評されるようになった要因の1つ
に、ダブルマチュード（あるいはベーシック熟
成時から）で使用されるミズナラ材の樽が挙
げられる。

ミズナラはジャパニーズオークとも呼ばれて
いて、日本の蒸溜所が使用を始めて、にわか
に注目が集まった木材である。通常、バーボ
ンやスコッチの熟成にはホワイトオークやヨー
ロピアンオーク材の樽の使用が義務付けら
れている。これらの木材は豊かな香り（ホワイ
トオーク）やフルーティな味わい（ヨーロピアン
オーク）をウィスキーに与えるのだが、ミズナラ
は欧米のオーク材にはない独特の香りをウィ
スキーに付加するのだ。

白檀、沈水（じんすい）、桂皮、丁子（ちょう
じ）などの香木や、練り香などの極めて神秘
的と欧米人には感じられる日本的（東洋的）
な「お香」のエッセンスが、コンベンショナルな
ウィスキーの香りに溶け込んで積層され、香
りや味わいに立体感、奥行き、そして"神秘
感"をも与えるのだ。ジャパニーズの高評価の
要因の1つは間違いなく、このミズナラが担っ
ている。

ところが、ジャパニーズウィスキーのこの独
特な風味が、欧米人の感性にもマッチ。高評
価で受け入れられるとなった時、スコッチの
蒸溜所やボトラーも積極的にミズナラカスクを
評価し取り入れ始めたのである。それも極め
て積極的に。

スコッチの"ミズナラ"の走りとなった『シー
バスリーガル・ミズナラ』のような、日本向け
バージョンとしてのリリースだけではなく、様々
な蒸溜所（ボトラーも）が自社のレギュラーラ
インナップのワイドバリエーション化の一端と
して取り入れ始めたのである。これまでのダ
ブルマチュードという変化球的手法には、シェ
リーや赤、白のワイン、ポートワイン、ラムなど、
思いつく限りの空き樽を再利用してきたのだ
が、それらのさらに最終仕上げとして加えら
れたのがミズナラカスクという訳だ。

スコッチにも起こっているボーダーレス化。
ウィスキービジネスのドライな一面がここにあ
る。伝統の上に胡坐をかいてばかりいては、

いつしかその足元が掬われてしまう。スコッチの蒸溜所がこれまでに辿った壮絶な浮沈の繰り返し。その歴史がスコッチの業界人の肌身にはきつく刷り込まれているのだ。"機を見るに敏"とならざるを得ないのである。

結果、良質とされる北海道や北東北地方の樽材としてのミズナラは枯渇の一途を辿ってしまう。樽材として使用される樹齢のいった太い幹を持つミズナラは豊富に分布しているわけではない。シイタケ栽培の原木並みの太さでは、樽材とはなり得ないのだ。だから希少なのだけれども、ダブルマチュードに加えられる更なる隠し味として、ミズナラの存在感は極めて高まっているのである。

コンベンショナル？ リノベーション？

我々のような市井のドリンカーは、専門店や量販店の店頭、ネットの評判、バーでのヨタ話のやり取りの中で、あれこれとボトルを物色しているのだけれど、今日のウィスキーシーンの中では何処までがコンベンショナルなのか、どこからがリノベーションなのかも曖昧なまま

である。

この曖昧なウィスキーシーンの中で我々が戸惑い、もがくのもまた楽しみの1つなのであろうが、スコッチは間違いなくボーダーレスの方向に動いている。

実際、日本人にも名の通った有名モルトですら、日本の『白州12年』や『響17年』と同様に「16年」、「20年」といったプレミアムに近いボトルから順次年数表示が消されている事実。これはそういった年式のカスクに枯渇が生じているから"年式"表示ボトルをディスコンとしたのである。

ところが、こういうクラスを物色するドリンカー、コレクターの眼には（質的には充分以上のボトルなのだが…）「12年」、「10年」といったレギュラーボトルの存在は、その味わいに文句は無くても、ネームバリュー、リセールバリューという点で役不足と映るのだ。ま、本末転倒も甚だしいが、彼らもやはり客であるから、造る側としても、彼らのような客に対する付加価値を盛り込んだボトルをリリースせざるを得ないのである。

で、最近の傾向として新たにラインナップに

ブナ科コナラ属の落葉広葉樹であるミズナラの巨木。オオナラの別名を持つこの樹木とて無尽蔵に
生えているわけもなく、今後、熟成した原酒同様にウィスキーブームの煽りを食う可能性もある。

加わってきたのが、前述の"変化球"ボトルである。

　この変化球的熟成ボトルは、各蒸溜所のカタログ、パンフレットには随分前から載せられていて、ラインナップの一角を担ってはいたのだ。が、それらは決して最前線に陣取ることはなく、オーセンティックな年式ボトルの彩りであって、端的に言えば、その蒸溜所なりのラインナップをワイドバリエーション化するための"黒子"のような存在であったのだ。

　しかし、最新の各蒸溜所のラインナップを片っ端から眺めていくと、単に「12年」だの「10年」だのというレギュラーラインナップに加えて、『ラムカスク仕上げ』だの『赤ワインカスク仕上げ』だのと、それらしくネーミングされたボトルがやたらに目に付くようになっている上、それらの扱いが最前列に押し出されているのだ。

　そして、それらには「マスター・ブレンダーズリザーブ」だの「スモールバッチ」、はたまた「ブレンダーズバッチ」だのという、いかにもスペシャルバージョンであることを誇示するサブタイトルが必ず刷り込まれ、ブレンダーやマスターディスティラー（工場長）の名前や写真

までが公開されて、それらのボトルの権威付けに手抜かりはないのである。

　これら最新作の大半は年数表示できないプレミアムボトルの代替えとして登場したものであって、一見ラインナップが華々しく見えるのだけれど、実際は市場からの圧力を変化球でかわそうという、苦肉の策とみて良い。ま、スモールバッチと謳っておけば、さほど長期にわたってリリースし続ける必要もないわけだし…。

　そしてこの傾向は、ブレンデッド技術に魔術的な冴えを見せる大手ボトラーにも及んでいるのだ。大手ボトラーはその保有するカスクの膨大さ故に、蒸溜所とは一線を画す安定ぶりを示してきたスコッチ界の顔であり、各蒸溜所のリリースするオリジナルブランドのモルトとは、一味も二味も違ったオリジナリティを売り物にしている筈ではなかったのか。

　一例を挙げれば、これまでは数少ないラインナップでも充分以上に商売をやってきた名門、『ジョニーウォーカー』ですら、スペシャルボトルのオンパレードだ。加えて、コンベンショナ

既に数ある変化球ボトルは、今後も着々と増え続けるであろう…。これを好機と捉えて期待する一方、
残念な結果も甘んじて受け入れる心の余裕も持たねばなるまい。

ルながら安定して味わいに定評のあった『ホワイトホース』、『ティーチャーズ』、『ベルズ』といったコストパフォーマンスに秀でたクラスまでが、そのパッケージングのデザインを変えて味わいに「変化、変革」があったことをアピールしている。

　で、その結果は、コンベンショナルボトルを、リノベーションバージョンが上回っていることもあれば、逆に残念な結果となっている場合も現実には有りえる。スコッチという名の御旗に包まれたボトルといえどもビジネス的事情はシビアであり、決して波風が立たない世界ではないのだ。必然的な切磋琢磨。350年以上もの歴史を持つスコッチにして、ビジネス戦線は混沌なのである。

　私のような安酒飲みの眼にも、スコッチを軸としたウィスキーシーンは確実に動いているのが実感されるこの頃である。

　ちょっと、スコッチを最初からやり直さねばならないかな…。

　…、私的には歓迎すべき時代でもあるのだが…。

ウィスキーの出来るまで

文＝和智英樹（フォトグラファー）

スコッチウィスキーの種類

　一口にスコッチウィスキーと呼んではいるが、実際には3つのタイプがあって、味わいもそれぞれ異なる。その3種の総称がスコッチウィスキーなのである。最も一般的なのが「ブレンデッド」だ。これは大麦麦芽（モルト）のみで造られた「モルトウィスキー」と、ライ麦、大麦、コーン（トウモロコシ）などの雑穀類で造られた「グレーンウィスキー」がブレンドされたもの。銘柄でいえば『ジョニーウォーカー』や、『シーバスリーガル』、『ホワイトホース』等々。

　次に「シングルモルト」。これはある1つの蒸溜所で生産された、大麦麦芽のみを原料とする「モル

トウィスキー」のみをボトリングしたもので、『ザ・グレンリベット』や『ザ・マッカラン』、『グレンフィディック』などがこれだ。そして、例えばAとB、2つの蒸溜所、あるいはもっと多数の異なる蒸溜所で生産された「モルトウィスキー」を複数以上ブレンドした場合は、それが「モルト」のみで構成されていても「シングルモルト」とは呼ばず、「ブレンデッドモルト」または「ヴァッテッドモルト」と呼んでいる。

　これら3つの全てのタイプに共通する原材料（原酒）がモルトである。ここでは「モルトウィスキー」の出来るまでを説明する。

麦の種類

　原料の大麦は、春先に種をまくスプリングバーレーと呼ばれる二条麦がデンプンを多く含んでいるので最適とされる。種類でいえばオプティック、ゴールデンプロミス、オックスブリッジ等々、多種にわたり、各蒸溜所ごとに使用する大麦は決められているようだが、1種のみを頑固一徹に守り続ける蒸溜所も、評判の良い種類を次々に切り替える蒸溜所もあって、これらの麦の種類選定が蒸溜所による原酒の個性主張の源泉ともなっている。

　ちなみに『ザ・マッカラン』では自社栽培のミニストレル種のみを自社専用種として固執しているし、『ラフロイグ』もオックスブリッジを頑固一徹使用し続けている。そして『アラン』のように、オプティックと

オックスブリッジを混合使用する蒸溜所もあって興味は尽きない。

ウィスキーの原料となる、発芽させる前の大麦。ビールの原料でもあり、後に解説する糖化の工程で酵素の代わりに麹を使用すれば、日本人に馴染み深い麦焼酎が出来上がる。

① 麦芽を造ること＝「モルティング」

　原料となる大麦を、まず発芽させるところから作業はスタートし、この作業は「モルティング」と呼ばれる。元来、スコットランドの蒸溜所はどこもこの作業のためのスペースが大きくとってあり、その作業風景はフロアモルティングと呼ばれ、ポットスチル（蒸溜器）と並んでスコッチ造りを象徴する作業風景であった。

　しかし、最近ではこの最も人手と手間、そして、職業的カンを必要とするこの「モルティング」工程は専門の業者（モルトスターと呼ばれる）に依頼することが多く、実際のフロアモルティングはウィスキー造りを現代に伝える、伝統工業の象徴としてのみ存在するとする説が大半だ。

　何故ならば、このモルティングにかかる費用は、ウィスキー造り全体のコストの60〜70%にも及ぶと見積もられているからであり、年間生産量の限界から割り出される収益が、この作業のコストダウンによって大幅に改善するからである。

　さて、実際のフロアモルティングの作業だが、まずは麦の重量の30%程度の水を麦に沁み込ませる。この水を含んだ麦を、専用のスペースの床一面に均等の厚さに敷き詰める。そして全ての麦を4〜6時間ごとに攪拌し発芽させる。この時使用する用具は木製のスコップや鍬（すき）などだが、これらの用具を使用しての作業風景がフロアモルティングの核心部分であり、最も"絵になる"作業

ラフロイグ蒸溜所のフロアモルティングの様子。モルトハウスの床一面に一定量の水を含ませた麦を
スコップなどで敷き詰め、一定の時間を置いて鋤などで攪拌し発芽させる。

適切なタイミングで発芽を止めるため、発芽させた麦を乾燥室に移して発芽を止める。この時にピート
(泥炭)を炊くとその特有の燻香が麦芽に付着し、ウィスキーに独特な個性を与える。

風景でもある。

このモルティングを行なう蒸溜所内の棟は、モルトハウスと呼ばれ、他の工程とは切り離されていることが多い。麦は発芽する時にかなりの熱を発するため、通気が重要で、全ての壁面には通気窓が設けられているが、モルティングを行なっている時は常に開けっ放し。だから、麦を狙って鳥やネズミの侵入も多い。

この対策として、かつてはどの蒸溜所にも猫が飼われていて、この猫を「ウィスキーキャット」と呼んで親しんできた。中でも有名なのが『グレンタレット』蒸溜所の猫、"タウザー"で、その生涯に獲ったネズミの数は2万8,899匹という。半ば伝説でもあるがギネスブックにも収録されていて、蒸溜所にはその銅像も建っている。しかし、現在では蒸溜所の建物内で動物を飼ってはならないという、極めてドラスティックな法規があって、古式ゆかしい蒸溜所ロマンは今は昔となってしまった。

で、発芽させた麦は乾燥させて発芽を止める。乾燥室に収容した麦芽は、その床下の窯でピート（泥炭）を焚き、この泥炭の煙が麦芽を乾燥させ、同時に麦芽に泥炭特有のピーティな香りを付着させる。これがスコッチ特有の「スモーキーさ」、「ピーティさ」の基でもある。

そしてこの乾燥室とも燻煙室ともつかない建物の煙突（エントツ）に相当する部分が、蒸溜所外観のシンボルでもある「キルン」である。

この麦芽に付着する独特の"煙っぽさ"は、燻（いぶし）の強弱となってウィスキーにはダイレクトに反映される。そしてこの燻具合はフェノール値という数値でその強弱を示す。ちなみにピーティさで有名なアイラ島産の『アードベッグ』では、フェノール値45〜60ppmに調整されたモルトを、アイラ島のモルトスター『ポートエレン』から買い付けている。

結論として、現在の蒸溜所のスタイルとして、麦芽はモルトスターからの買い入れ、あるいは自社モルティングの場合もガスや石炭で行なう場合が多く、ピートの使用は、単にスモーキーな味わいを付加する手段としている場合が多い。

麦芽の乾燥に用いるピートは、その採掘場（ピートボグ）により組成が異なり、ウィスキーのテイストに与える影響も異なる。海藻などの海産物特有の磯臭さや海水由来の潮気を含んだアイラ島のピートと、スコットランド本土などの内陸部のピートとでは、同じ燻煙でも性質が異なり、ウィスキーのテイストに与える影響も異なってくる。

② 麦芽を糖化する＝「マッシング」

　次に仕上がった麦芽を糖化させる工程に移る。そしてこの作業を「マッシング」と呼び習わす。

　作業を簡単に説明すると、糖化槽に麦芽を入れて、お湯（仕込み水）を注いで攪拌するのだが、糖化槽（マッシュタンと呼ぶ）に入れる麦芽は、事前にホッパーという粉砕機にかけて適度な大きさに粉砕しておく。この粉砕した麦芽は「グリスト」と呼んでいるが、粉砕する粗さによって、粗挽き（ハスク）、中挽き（グリッツ）、細挽き（フラワー）に細かく分けられている。一般的な挽き分けの割合はハスク20％、グリッツ70％、フラワー10％なのだが、蒸溜所によってこの比率は微妙に異なる。このグリストはマッシュタンに投入され、お湯と共に攪拌して麦汁（ウォートと呼ぶ）を造る。この時、湯温は分解酵素が最も働きやすい63〜64℃に保たれる。

　使用するマッシュタンは、大半が内部にスクリュー状の羽根付き攪拌構造を持ち、構造デザイン、槽の容量、材質が蒸溜所によって様々である。大別すると金属製と木製があって、金属製の場合は大半がステンレスであり、メンテナンスが容易なのが最大のメリットである。そして、蓋付きのものや蓋なしのものなど、蒸溜所によってまちまちである。木製槽の場合は木製の蓋が装備され、金属にせよ木製にせよ、それぞれの蒸溜所で独自に高効率かつ質の良いウォートを造る工夫がみられる。木製の場合の材質は、北米原産のオレゴンパイン（ダグラスファー／樅）が一般的であるが、金属製に比べてメンテナンスにかかる手間を考慮して、1つの蒸溜所が全てを木製とすることはあまりなく、大半が金属槽と木槽の併用だ。

　マッシュタンに投入するグリストは、粗挽きから細挽きまでミックス状態でお湯と一緒に混合攪拌され、麦芽のデンプンが酵素の働きで糖化されるのを待つ。

　このお湯を「仕込み水＝マザーウォーター」と呼び習わしているが、この水は各蒸溜所が厳選した水源から取り込んだ水であり、この先、全ての工程で使用される"勝負水"でもある。そして最終的には樽詰めの際の、アルコール分調整用の割水にまで使用される。

乾燥により発芽を止めた麦芽。発芽させることで大麦が持つ不活性のアミラーゼ（糖化酵素）を活性化し、その主成分であるデンプンの糖化が促進される。

麦芽をホッパーにかけて粉砕した「グリスト」。全てを一様に粉砕するのではなく、粗挽き、中挽き、細挽きに挽き分けることで、得られる麦汁（ウォート）の質をコントロールする。

グレンスコシア蒸溜所で稼働を続ける、年季の入った鋳鉄製のマッシュタン。木製に比べて
メンテナンスの頻度は抑えられるが、見ての通り完全なメンテナンスフリーとはいかない。

上写真のマッシュタンの内部には、ベベルギアで稼働する籐製の羽が複雑に配置されている。お湯と共に投入したグリストをこれらの羽で撹拌し、麦芽のデンプンを糖化する。

　ちなみにスコットランドを流れる川は、そのほとんどが泥炭層のある土地を流れていて、無色透明の水はごく稀で、多かれ少なかれ泥炭の影響で、薄茶から焦げ茶までの色合いを帯びている。が、これは“濁っている”わけではなく、サラサラとした清冽な水に色が付いているだけである。

　そして、この水には多少なりとも泥炭によるスモーキーなピート臭（香り）も内包されていて、麦芽を乾燥させる時にピートを全く使用しなくても、出来上がったウィスキーには僅かであってもピート由来の香りが含まれるのである。「スコッチ＝スモーキー」という図式の根源がこの水なのである。

　通常、スコッチの場合は軟水の使用が一般的だが、『グレンモーレンジィ』のように硬水を、わざわざ使用する例もあって、どちらが正解とは言い難い。ちなみに、1リットル中に含まれるミネラル分が140mg以下の水を軟水と呼び、140mg以上含まれる水は硬水とされる。

　糖化を待つ間、仕込み水の中を漂うハスクは粒が大きいためウォートを濁らせ、やがて槽内の底に沈殿して濾過槽となり、目の細かいフラワーは、最も量が多いグリッツと入り混じってウォートの中を浮遊する。このウォートは時間の経過とともに濁りは収束し、濁りの落ち着いた（少ない）完成したウォートとなる。だから、このグリストの挽きの割合によってウォートの質、味わいの基本骨格が大きく左右される。ここが糖化職人（マッシュマンと呼ぶ）の腕の見せ所であり、その職人の個性が極めてはっきりと反映される部分でもある。

　こうして最終的に出来上がった、13％の糖分を含んだ液が完成状態のウォートであり、この液を絞ればマッシングは完結する。そして、この液を絞った粕はタンパク質を豊富に含んでいて、良質な家畜の飼料となるが、これはドラフと呼ばれていて、近隣の牧場、農家の家畜を太らせ、大地に戻るのである。

マッシュタンの中で撹拌されるグリスト。撹拌に用いる機構は蒸溜所ごとに様々で、写真のアードベッグ蒸溜所のステンレス製マッシュタンは、螺旋階段の様に配された複数の細かいスクリューを用いている。

出来たてのウォートは、発酵槽へ送る前にウォーツクーラーで20〜35℃位まで冷ます。写真のウォーツクーラーはグレンフィディック蒸溜所のもの。

③ 糖化液を発酵させる＝「ファーメンティション」

　この発酵工程を簡単に説明すると、出来上がったウォート（麦汁）を、発酵槽に送り、酵母を加えて発酵醪（もろみ）にする工程であり、その発酵醪を「ウォッシュ」と呼ぶ。

　作業の実際は、まずウォートを発酵槽（ウォッシュバックと呼ぶ）に送る段階で、63℃ほどあったウォートの液温を、ウォーツクーラーという装置の中を通して20〜35℃位まで下げる必要がある。

　このウォーツクーラーとは旧式の熱交換器のことであり、現在ではより効率の高い高機能なヒートエクスチャンジャー（熱交換器）の使用が一般的であるが、『エドラダワー』のように昔ながらの屋外に設置されたウォーツクーラーを使用する蒸溜所も稀であるが皆無ではない。

　旧態依然のこの装置は、冷却時間と効率には劣るのだが、ゆっくりと時間をかけて液温が下がるため、ウォートに与える影響が少ないなどの、何がしかの良い結果が得られると信じられているわけで、これもやはり「ウィスキーロマン」の一部なので

ある。この点、プラシーボ効果とは言い切れない何かがあるのだ。

　液温が下がったウォートは発酵槽（桶）に送られるのだが、このウォッシュバックもマッシュタン同様、金属製と木製が混在し、その容量は蒸溜所の規模によってまちまちだ。金属製はメンテナンス性に優れ、効率という点では木製の及ぶところではない。しかし、効率が最優先とならないのがウィスキー造りの奥深さでもある。

　木製は、桶の製造工程での釘の使用は一切ない。単に金属製のタガで締め付けてあるだけ。それだけに水漏れなどの製造工程でのトラブル対処など、手間のかかり方は金属桶の比ではない。その上、定期的な清掃や管理などのメンテナンスに難があって、効率という点では金属製には遥かに及ばない。それでも木製桶（槽）が採用される最大の理由は、木製ならではの香味雑味が豊かで複雑な発酵醪が得られるからである。

　その性格上、木製の桶は保温性、保湿性に優

年間1,000万リットル超の生産能力を持つグレンフィディック蒸溜所は、24槽もの木製ウォッシュバックを備えている。その素材はマツ科トガサワラ属のオレゴンパイン（ベイマツ）である。

ジュラ蒸溜所のステンレス製ウォッシュバック。バーボンを作るアメリカの蒸溜所では、同様に機能するこの発酵槽をファーメンター（発酵タンク）と呼び、ビールの醸造所でも同様な呼び方をする。

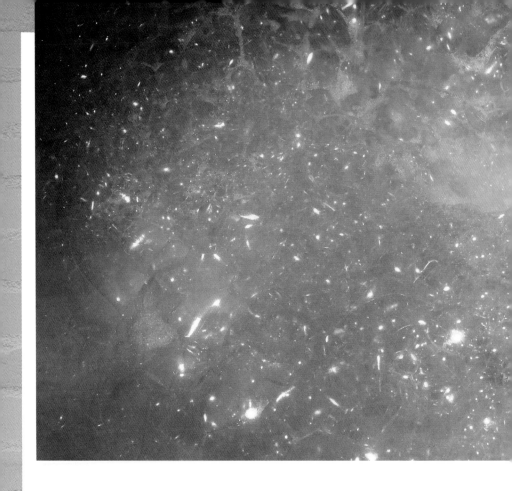

れるため、ウォートを発酵させるために加えられる
酵母が作用しやすい温度の保温特性に優れて
いる上、蒸溜所の立地する土地土地に特有の乳
酸菌が繁殖しやすいのだ。この乳酸菌は発酵を
助けて、さらにその土地特有の香味を醪に与える
のである。そして使用される木材は、木製マッシュ
タンと同様にオレゴンパイン（ダグラスファー／樅）
が大半である。

　ウォートがウォッシュバックに送られた後、ウォッ
シュバックには酵母（イースト）も投入されて発酵
が始まる。この時、発酵に使用される酵母は何百
とある酵母の中でもたったの2種のみ。ウィスキー
酵母とビール酵母である。

ウィスキー酵母はディスティラーズ酵母とも呼ば
れ、発酵の効率が高いことで知られていて、ウィス
キー酵母だけで発酵させている蒸溜所も多い。

　ビール酵母（またはブリュワーズ酵母）は、伝統
的に英国のビール（エール）の醸造に使われてき
た酵母である。が、英国では年々ビールの消費
量が減っていることから、ビール酵母のみでの発
酵は一般的ではなくなっている。しかし、効率では
ウィスキー酵母には及ばないものの、酵母寿命の
短いウィスキー酵母と、寿命では勝るビール酵母
を組み合わせ、酵母の作用時間を延ばすことで、
リッチで香味が入り組んだ複雑なウォッシュが得
られることが証明されている。そしてこれらの酵母

発酵が進むにつれ、ウォッシュバック内の麦汁は炭酸ガスを発生し、ブクブクと泡立ってくる。ディスティラリーツアーに参加すれば、その様子を目と鼻で確認することができるだろう。

はエタノール（アルコール分）だけではなく、味わいの基となるエステル系の物質をも生み出す。

　発酵が始まると、やがてウォッシュバックの中では発酵途上の糖化液がブクブクと炭酸ガスの泡を発生させる。だから発酵職人は炭酸ガスの検知器を携帯して、泡の発生具合、温度などを常に監視する。蒸溜所の見学ツアーでは、このブクブクと泡立っているウォッシュバックの蓋を取って中を見せてくれるが、蓋を取った瞬間、炭酸ガスがツンと鼻を突くことがあって、発酵作用の激しさが体感できる。

　発酵時間は各蒸溜所でまちまちで、通常、酵母の寿命どうりの1 〜 2日をかけるが、『グレンフィ

ディック』のように66時間をかける蒸溜所もあって、各蒸溜所ごとにきっちりとしたレシピをもって作業する。そして発酵の終わったウォッシュには7％ほどのエタノール（アルコール分）が生成されているのだ。

　このウォッシュはホップが加えられていないものの、原理的にはビールとほぼ同じであり、アメリカではバーボンの蒸溜前のウォッシュを、そのものずばりの「ビール」と呼ぶほどである。そしてスコットランドでも、このウォッシュをビールとして瓶詰めして販売している例もあり、ローランドの『オーヘントッシャン』では、蒸溜用とは別に、ビール用としてのウォッシュも仕込んでいる。

④ 蒸溜＝「ディスティレーション」

ウォッシュの蒸溜は、ポットスチルという単式釜を備えた蒸溜器を使用して行なう。このポットスチルのある情景は、フロアモルティングの作業風景、キルンのあるモルトハウスと共に、蒸溜所を象徴する3大風景要素ともなっている。

単式釜＝ポットスチル

単式釜とは、ポットスチルの底部分の大きく膨らんだ釜（ポット）に、その容量（以下）のウォッシュを充填し、その釜を加熱してウォッシュを沸騰させ、その蒸気を冷やして液体に還元する方式の蒸溜器であり、全体が銅で造られている。

他の金属ではなく、ほぼすべてのポットスチルが銅製なのは、蒸溜時にアルコール分と共に生成される硫黄系（サルファ系）の（例えばゆで卵様の）匂いの大半が、銅が触媒として作用し、除去されるとともにエステル系の（果実様の）香りを蒸

溜液に付加させるからである。ちなみに銅板（地金）の厚さは5〜10mmもあって、20年ほどの寿命を持つ。

通常はこれを2基1組として、初溜釜（ウォッシュスチルまたはローワインスチルと呼ぶ）と再溜釜（スピリッツスチルと呼ぶ）として使用する。つまり、モルトウィスキーの蒸溜は初溜、後溜の2度に分けて行なわれる。

一度に蒸溜できる量はその釜の容量通りであって、大量に蒸溜する場合はウォッシュを釜に充填する手返しの速さが勝負だ。そしてその釜の容量はスコットランドの場合、法で大きさ（容量）が決められていて、その最低容量は2,000リットル。2,000リットルという数字はかなり多いように感じられるが、これは密造対策でもある。つまり、目立たない小型のポットスチルは許可したくないのである。

そして、最少は法規で規制されているが、最大

グレンファークラス蒸溜所の巨大なポットスチル。昭和生まれにしか理解できない菓子のキャッチコピーに「大きいことはいいことだ」の文言があるが、ポットスチルは大きいほど、雑味の抜けたライトでピュアな仕上がりになるというマニアの常識がある。

業界で最小とされるキルホーマン蒸溜所のポットスチル。スピリッツに雑味が残るゆえ豊かな風味が生み出される、という別の解釈もある。結局のところ、ウィスキーの個性は単純な要因のみで決まるものではないのだ。

は青天井。サイズはその蒸溜所の規模に委ねられているが、スペイサイドの蒸溜所の中では最大のポットスチルとして有名な『グレンファークラス』の初溜釜（ローワインスチル）は何と25,000リットルもの容量を持つ。そして再溜釜（スピリッツスチル）は21,000リットルだ。

ちなみに最小なのは南ハイランドの『エドラダワー』と、アイラ島の『キルホーマン』蒸溜所が最小スレスレの2,000リットルである。しかし、ポットスチルは大型になればなるほど雑味の抜けたピュアな仕上がりになるという大前提もあるのだが、これを逆に見れば小型なものほど雑味香味に富んで味が良いということになる。が、サイズの大小だけではウィスキーの個性を語ることは不可能だ。

ウォッシュスチル（初溜）が終わってできた蒸溜液をローワインと呼ぶが、この時のアルコール分はウォッシュの時の7%から20〜22%程度まで高められている。『グレンファークラス』の場合で、初溜釜に充填された25,000リットルものウォッシュは、7,000リットルのローワインとなる。

次にこのローワインをスピリッツスチル（再溜器）に再び充填し、蒸溜する。そしてこの2度目の蒸溜を経て最終的には70%以上ものアルコール分を持つニューポットが出来上がるのだ。

現在のスコッチは通常、初溜と再溜の2回蒸溜が大半である。が、ウィスキーがアイルランドから伝わった名残りで、『オーヘントッシャン』では現在なおアイルランド式の3回に拘った蒸溜を行なっている。この3回蒸溜のシステムは、初溜と再溜の間に、インターミディ（中間溜）のポットスチルを置いて蒸溜する。そして蒸溜は回数を重ねるほど、ピュアでライトなニューポットになると解釈されている。つまり、これによって香味雑味の複雑さが損なわれる

という解釈も成り立つわけで、この香味雑味こそがスコッチの味わいに深味を与えるという観点からは真逆のアプローチではある。

ポットスチルの釜を加熱する方法は、石炭やガスで直接釜を熱する「直火炊き」と、釜の内部に設置されたパイプに蒸気を通して熱する「スチーム（蒸気）式」があり、現在では釜が焦げ付きやすく、メンテナンスに手間のかかる直火炊きは少数派になりつつあるが、釜の焦げ付きが最終的にニューポットに、カラメル様の甘い香りと焦げ感を付加することから、これに拘る限り、直火炊きは廃れることはない。旧いもの＝伝統的な方法には、旧式がゆえのデメリット以上に、無視できないメリットも付加されているのだ。

●ポットスチルの形状

ポットスチルの構造は、大まかにポット（釜）、その上に続くヘッド（かぶと）、そして最上部から冷却器に接続されるラインアームからなっていて、ヘッドとラインアームを接続する大きく曲がった部分をネックと呼ぶ。

●ヘッド、ネック、ラインアーム

蒸溜所の写真を見れば一目瞭然だが、ポットスチルの外観は何種類もあることにお気づきのことと思う。ポット（釜）の部分には大差はないのだが、大きくその形状を印象付ける部分は、その上のヘッド（かぶと）部分である。

釜の上から上に向かってストレートにテーパー状に細められているのが「ストレートヘッド」であり、ヘッドの部分に丸いコブ様の膨らみのあるものが「バルジ型」であり、「玉ネギ型」とも呼ばれる。そして、ヘッドの立ち上がり部分がいったん括れて、その上から再びテーパー状に立ち上がっているのを「ランタンヘッド」と呼んでいる。

バルジ型やランタンヘッドでは、釜から上がってくる蒸気にヘッドの膨らみや窪み（段）の部分で滞留が起こり、ここで蒸気の一部が液化してしまい、その液化した分は再び釜に落下して（戻って）しまうため、（原理的には）複数回蒸溜が行なわれることになって、軽くてピュアでシャープ（すっきりとした）な味わいになるとされている。

これに対してストレートヘッドのものは、途中に障害物がなく、真っ直ぐに蒸気が立ち上がるため重厚でパワフルな味わいが得られるのである。

そしてヘッドの最上端に達した蒸気は、ネックと呼ばれるカーブ部分を通ってラインアームに送られる。が、ここで大切なのはラインアームの向きで

ある。向き（角度）はネックによって決まるが、ラインアームが下向きなのは重厚な味わいであり、上向きなのは軽くピュアな味わいとされている。

そして長さによってもニューポットの味わいは変わるとされているが、『グレンモーレンジィ』蒸溜所のストレートで長大なラインアームや、『タリスカー』蒸溜所のクランク状に取り回されたラインアームは有名である。特に『タリスカー』のスパイシーな味わいは、このクランク状のラインアームにその要因があるとするマニアも多い。

●冷却器

ラインアームを通った蒸気は、冷却装置で冷やされて液体に還元される。この冷却装置、かつては桶様の容器に水を張って、その中にスパイラル状（渦巻状）のパイプを設置し、このパイプに蒸気を通して冷却し、蒸気を液体還元するワームタブという伝統的な手法を採っていた。

このワームタブのゆっくりとした非効率的な方法は次第に廃れてはきたが、この旧式がゆえのデメリットを、逆にメリットとして風味豊かなニューポットを生成するための手段とする蒸溜所もあって、ウィスキーロマンは尽きることはない。『タリスカー』と『グレンエルギン』は特に有名である。

ワームタブにとって代わったのは、コンデンサーとシェル＆チューブと呼ばれる冷却装置であり、現在ではこれが主流となっている。これは円筒形の（水）容器の中に、チューブが何重にも往復状に設置されているもので、自動車のラジエーターとほぼ同様のアイディアだと思って良い。そしてこれは設置場所と使用する水量の節約、そして時間的効率に優れるシステムではあるが、ウィスキーを効率だけで語ることは適切ではない。

SPIRIT STILL
Ardbeg
CONTENT 16957 litres

蒸溜器の下には必ず釜（ポット）があるが、"絵になる"ヘッド（かぶと）に対し
裏方的な存在であり、蒸溜所にでも出向かない限り目にする機会は少ない。

「ストレートヘッド」、「ランタンヘッド」、そして「バルジ型」が入り混じった、5基のウォッシュスチルと8基のスピリッツスチルが立ち並ぶグレンフィディック蒸溜所の蒸溜室。

●スピリッツセーフ

液体還元されたニューポットは、その全てが樽詰めされるわけではない。液体化され最初に出てくる最初の蒸溜液は青味がかっていて、不純物や油脂成分が多く、刺激臭があり、揮発性も高い。で、フォアショットと呼ばれるこの部分はカットされる。

次に蒸溜液から青味が取れて透明になってきた部分がミドルカットであり、風味に富んで刺激性も揮発性も適切であり、熟成すれば上質なウィスキーに育つためこの部分のみを樽詰めし、熟成に送られるニューポットとして採用する。

ミドルカットのさらに後から出てくる、蒸溜液の最後尾の部分をフェインツと呼ぶ。この後溜液は刺激性も揮発性も低過ぎて、ニューポットに混入させると全体の味わいを損ねてしまうため、この部分もカットする。ここで最も重要となるのが、ミドルカットだけを取り分けるタイミングの読みである。この見極めを委ねられているのがスチルマン（蒸溜職人）だ。スチルマンは、スピリッツセーフと呼ばれるガラスケースに収容された装置内に出てくる蒸溜液を見張ってタイミングを計っているのである。

このガラスケースの中には温度液（液温計）と（アルコール）比重計がセットされていて、これらに表示される比重や液温のデータを把握し、ガラス容器に満たされていく液色を目視しながらカットのタイミングを計るのだが、カットの切り替えはスチルマンの手元のレバー1つで切り替えが可能だ。

そしてカットされたフォアショットとフェインツは、再びローワインスチルに戻されて、次の蒸溜に回されるのである。これで蒸溜のシステムはサイクル化されたわけで、蒸溜作業が続く限り廃棄される部分はなく、無駄は出ないのである。

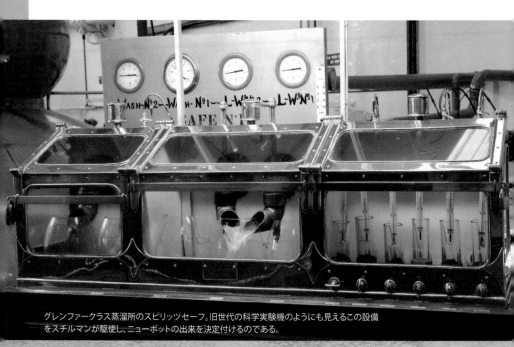

グレンファークラス蒸溜所のスピリッツセーフ。旧世代の科学実験機のようにも見えるこの設備をスチルマンが駆使し、ニューポットの出来を決定付けるのである。

⑤ 樽詰め＝「フィリング」と樽＝「カスク」

蒸溜工程が終わって取り出されたミドルカットは樽に詰められて熟成に回される。この樽詰めの作業がフィリングであり、この作業場をフィリングステーションと呼ぶ。そしてフィリング前には、70度以上もあったニューポットのアルコール分を、概ね64度となるように加水調整して樽に詰められる。これは樽の木材に含まれる、アルコールを熟成させる成分が最も作用しやすい度数が64度前後であるからだ。そしてこの時加水する水は、マッシングの仕込みに使用されているのと同じ水（マザーウォーター）である。

ニューポットを詰める樽は一般にカスクと呼び習わしているが、スコットランドの蒸溜所では押しなべてバーボン熟成に使用した後の空樽、またはシェリー酒の熟成に使用していた空樽をリビルドを含むメンテナンスをして再利用する。

バーボンの空樽はアメリカ（ケンタッキー州）での法で、必ず、内壁を焼き焦がした新樽のみを使用することが規定されているから、使用1回の中古樽はほぼ無尽蔵なのである。

これに対しシェリー樽は、ウィスキーブームということもあってスペインからの入手が難しく、貴重な存在となっている。

●代表的な樽の種類（シェイプ）
バレル（Barrel）

これは容量が180リットルと小型であり、バーボンとカナディアンの熟成用に使用されている。樽の内壁は火で焼き焦がされていて、この焼き焦がしをチャーリングと呼ぶ。炭の層が1cm以上もあるヘビーチャーリングから、あっさりと炙った程度のトースティングまで、焦げの程度は様々だ。

アードベッグ蒸溜所の樽詰めシーン。マザーウォーターで64度前後に調整したニューポットを人力で樽に詰める。どこか牧歌的な光景。

元々はアメリカでバーボンの熟成のみに使用されていたが、『ラフロイグ』がこの中古樽を導入して以来、スコットランド中の蒸溜所に広まった。結果、全スコッチの90%がバーボンバレルで熟成されることとなり、今では最も普遍的な樽となっている。オーク樽と表現されていればバーボン樽だと理解して良い。

使用木材はアメリカ産のホワイトオークで、ウィスキーに付加される香りはバニラ、カラメル、ハチミツ様の甘い香り、焦げ（チャーリング）の程度でアーモンドやその他ナッツ様の香ばしさが現れるとされるが、長期熟成するとココナッツミルク様の味わいも現れるとされている。

ホグスヘッド（Hogshead）

バレルをリビルドする際に、容量を20%程度拡大したカスク。シェイプ（形）は、樽材の板数を足しただけで、長さは増やしようがないから、バレルをズン胴にした雰囲気。見た目はあまり変わらない。効用はバレルと同様。容量が多いだけである。

パンチョン（Puncheon）

パンチョンはヨーロッパでワインやシェリー酒の熟成用に使用される大型の樽で、容量は新品では480リットルとされている。が、実際には300〜500リットル位までまちまちだ。次に説明するバット（容量500リットルの大型樽）をリビルドする際に、古木材の組み立て上の都合で樽の形が変わってしまったものが多いからだが、新品は480リットルということになっている。

使用される木材はスパニッシュオーク（コモンオーク）やフレンチオーク（セシルオーク）のヨーロッパオークである。シェリー酒の熟成に使用した後のリビルド樽には、レーズンや乾燥イチジクなどのドライフルーツ、シナモンや松脂（マツヤニ）様の香りがあり、総じてタンニンやポリフェノールを含んで、

熟成に用いる樽は、その殆どが中古のためメンテナンスが欠かせない。樽のメンテナンスは近年、「クーパレッジ」という専門業者が請け負うことがほとんどだが、自社敷地内に樽工場を抱える蒸溜所も僅かに存在する。写真はその内の1つであるロッホローモンド蒸溜所の樽工場で、スコットランドで初めて導入されたリチャー（焼き直し）マシンでリチャーリングしている所。

華やかな熟成感が最大の特徴である。なお、スコッチではないが、日本のサントリーでは、ホワイトオークを使用したパンチョンの新樽を自社製造しているそうである。

バット（Butt）

　容量500リットルの大型樽で、シェリー酒の熟成はこれが多い。木材にはパンチョンと同様にヨーロッパオークが使用されるが、華やかな熟成感が珍重されて、シェリーの古樽自体が年々、入手困難になっている。結果、『ザ・マッカラン』のように、シェリーカスク熟成を最大の売りにしている蒸溜所でさえ、最近は「ファインオーク」などと訳の分からないタイトルを付けたボトルを出さねばならないほど品薄となっている。

新樽（再利用ではない専用樽）

　ニッカやサントリーが、ミズナラ（ジャパニーズオーク）材を使用した新樽を製造して、仕上げの熟成に使用している。長期熟成が不可欠ではあるが、キャラ（伽羅）や白檀（びゃくだん）のような東洋的な香りを特徴とし、味わいに立体的な奥深さが付加されるため、オリエンタルフレイバーとしてスコッチの蒸溜所でも注目し、使用され始めている。ま、平たく言えばウィスキーに「お香」を焚き込んだ感じと言えば理解できようか。

⑥ 熟成＝「マチュレーション」

　樽詰めした後、樽はウェアハウス（熟成貯蔵庫）に運ばれて、最低3年はここで寝かされる。

　最低3年という数字は、スコットランドでは政府のウィスキー法にはっきりと定義されている年数であり、3年未満では「スコッチ」という名称は使用できない。だから、どんなに安かろうと、「スコッチウィスキー」とラベルに刷り込まれていれば、それはスコットランド政府が最低3年は熟成したという保証を与えていることになる。ま、"お墨付き"ですな。

　ちなみに、アメリカではバーボンの最低熟成年数が2年に規定されているが、これはケンタッキー州の平均気温が、スコットランドの冷涼な気候とはかけ離れて高温になるからで、アメリカもスコットランドもウェアハウス内にはエアコンの装備は一切ない。自然の立地条件そのままである。最高と最低の温度差、そして平均気温の高さは、熟成の進み具合に密接にリンクしている。

　この法定の最低熟成年数＝政府のお墨付きこそが、我が日本のウィスキーに唯一欠けている点であり、純正の"ジャパニーズ"という表現は、政府はおろか、業界団体からも認定はされていない。つまり、何一つ保証のない通称であり、テンプラ称号ということになってしまうのだ。"仏作って魂入れず"の典型がここにある。

　話がそれたが、ウェアハウスに運ばれた段階では、樽の中のニューポットに色目はついていない。単に無色透明な濃度64％のアルコール液であって、焼酎とほぼ同じものだと理解すればよい。

　我々が知っている、あの芳醇な"ウィスキー色"は、樽に詰められて熟成されている間に、樽の木

質が溶け出して色を黄金色に替えたものなのだ。時の移ろいのマジック。ウィスキーロマンの始まりがここにある。

樽の置き方

　ウェアハウスの中での樽の置き方は概ね2つ。ラック式とダンネージ式があり、いずれの方式も樽は横倒しに寝かされる。立てたままの置き方はあまり例がなく、稀にではあるが液漏れのリスクが付きまとう。

　ラック式とはフレームで段と床を造る。つまり、細かく仕切ったスペースに樽を置くシステムで、フレームと床は何層（階）にも増築可能だからウェアハウスの高ささえあれば上限はない。が、実際には10層ちょっとの積層が最も多い。スペース的には高効率である。

　しかし、最下層と最上層では気温と湿度の相関関係が逆になる。つまり上は気温が高く、湿度は低く、逆に下になればなるほど気温は低く、湿度は増す。だから、上に置かれた樽と、下に置かれた樽では熟成の進行と、ウィスキーの性質（格）にはかなりな差が出来ることになる。これをデメリットと取るか、メリットと取るかで大きく評価の分かれるところである。

　ダンネージ式は樽を横倒しに置いて並べ、その列の上に横板を敷いて、その板の上にまた樽を置いていく方式。この方式では樽に直接重量がかかるため高層には積めず、3〜4段が普通だ。そして、高さが抑えられるため、ラック式のような上下の温度に大きな差が出ることはなく、均一な熟成が望める。

ラック式とダンネージ式を併用した、ブルックラディ蒸溜所のウェアハウス。

スペースを有効に使えるラック式のウェアハウスでは、フォークリフトが活躍する。上層と下層の樽でウィスキーの性質に違いはあるのか？　ウィスキーロマンは兎に角尽きない。

樽（木材）の呼吸と"エンジェルズシェア"

　樽の中のウィスキーは、気候の変化に反応しながら熟成を続ける。

　気温の高い季節、樽の中ではウィスキーが膨張し、樽内の気圧を押し上げてアルコールの揮発分は樽壁の木材を透って樽外に出る。そして逆に気温の低い季節には、樽内には負圧が働いて、外の空気は樽内に浸透してくる。つまり、樽の木材が呼吸をするのだ。

　だから、ウェアハウスの立地条件によって、10年以上も同条件のまま熟成させれば、ウィスキーの仕上がり、味わいにはその土地特有の性格が備わってくる。

　例えばスモーキーモルトで有名なアイラ島の蒸溜所の中でも、ウェアハウスが直接荒波に洗われるような『ラフロイグ』や『ボウモア』、『アードベッグ』などのモルトには、ちょっときつめなピーティスに混じって、明らかに磯の香が含まれているし、キャンベルタウンの『スプリングバンク』には"塩っぱさ"すらまじって、ブリニー（しょっぱい）と評するセンセイ方もいるほどだ。

　この木材が呼吸する時、「内から外へ」の場合には、樽内のウィスキーが蒸発していることになる。結果として、樽の中身は減ってしまう。この量、実に年間3%とされているが、単純計算では10年では30%減ってしまうことになる。これだけを取ってみても、年数のいったボトルほど高額になるのが理解できるというものだ。

　この目減り分を業界では「エンジェルズシェア（天使の分け前）」などと気の利いた呼び方をしているが、実際は天使のピンハネ！　と呼びたい気分ではなかろうか。何といっても20年寝かせた

樽の中には、最初の半分以下しかウィスキーは残っていないのだから。ま、しかしそのピンハネがあってこそウィスキーは熟成を進めるわけだから、天使にいちゃもんは付けられないのである。

　熟成の進行は年々進むのだが、10〜12年を経過すると、熟成の進行はほぼ頭打ちとなる。そしてこの時点で大半は、熟成は終了し、ボトリングされる。12年モノが多いのはそういう経緯からなのであって、クオリティに見合った価格設定がされている。つまり、ベストコストパフォーマンスなボトルと言い切ってよい。そして蒸溜所によっては意図的に16年〜それ以上寝かされている樽もあって、やがてそれらは"お宝"ボトルとなって、マニア（の懐）を悩ませるのだ。

　最後に、ボトリングされてウィスキーは初めて一般ドリンカー向けの製品となるのだが、カスクストレングス（1つの樽の中のウィスキーの生一本）でもない限り、通常は加水されてアルコール濃度を調整される。つまり64%前後から40%程度まで薄められる。この時使用される薄め水は、仕込みから熟成時のアルコール分調整まですべて同じ水。マザーウォーターである。

　スコットランドの「麦」と「水」と「樽」のハーモニーこそがスコッチなのである。

酔っぱらいオヤジの
テイスティングのヒントと根拠

文＝和智英樹（フォトグラファー）

トップノートとアロマとマウスフィール

　テイスティングとはよく聞く言葉だ。ま、味見した印象なのだが、これをウィスキーの広告では、ノーズィング（香り）とテイスト（味わい）という2段構えで説明している場合が多い。さらに海外のセンセイ方のテイスティングノート（味見メモ）では、トップノートだとかノーズだとか、アロマだとかいろいろと訳の分からない項目を並べ、読む側に何となくわかったような気分にさせる記事まであって、ともかく多彩である。で、これを私流に説明してみよう。

　まず、最初に出てくる単語の「ノーズィング」だが、嗅ぎ分けのような意味であって、これはずばり、香りのことだ。他には単に「ノーズ」と表現する人もある。この香りはさらに「トップノート」、「アロマ」と分ける場合もある。トップノートとは、タンブラーに注いだウィスキーの香りを嗅ぐ時、最初に立ち上ってくる香りをいう。同様に口に含んでから、（味と共に）最初に感じる香りがアロマである。

　メーカーのブレンダークラスの専門家ともなれば、（ウィスキーの評論家センセイも含めて）トップノートだけでそのウィスキーの個性は想像がつくとされている。が、私の場合、肝心要の鼻が鈍いのか、このトップノートだけでは、そのウィスキーの印象、本質は到底嗅ぎ分けられない。実際のところ、何らかの印象的な雰囲気だけは掴めるのだが、嗅ぎ"分け"て、説明するということになるとどうにもお手上げである。専門家からは一歩引いた一般人でも、通（つう）、マニアを自認するような人物ならば、アロマまででOKだという。が、私の場合このアロマがまた、トップノートのそれとはずいぶん違った印象になってしまう場合も多いから話はややこしくなる。ウィスキーの多面性という奴だ。香りを嗅ぎ、口に含んだ瞬間から刻一刻、それまでとは異なった雰囲気と印象が顔を出してきて、私程度の鼻と舌では、ウィスキーの何層にも積層された複雑さの一部分を特定出来るのみだ。嗅がずにはいられない。

　そして、ここが肝心なところなんだけれど、マニアとも通とも違う、私のような単なる一般の酔っ払いはそれだけで納まらない。一旦、口に入れたものは飲んでしまわなければ気が済まない。これだけは一歩も百歩も絶対に譲れない。そしてここに立ち至って、ようやくテイスティングの雰囲気の"とば口"に立てるというわけで、自分流に分析を始めるにはさらに数杯を要する。そして、さらに多少の贅沢を言わせて貰えば、ボトル1本を宛てがって貰わねばならない。なんたって素人なんだから…。

　ま、しかしウィスキー（及び酒全般）に傾ける情熱は並々ならぬものがあると自負しているし、これまでに支払った授業料もかなりのものだ（と、思う）。で、私の場合のテイスティングノートとは、好き者が、自腹を切って、自分の肝臓を質に入れて各1本を味わった末の結論であることを、最初に言っておかねばならない。バーで1杯飲んだ、2杯飲んだというのは飲んだうちには入らないのである。これ、つまり飲んだ末のインプレッションを「マウスフィール」というのだそうだが、アイラ島の『アードベッグ』の蒸溜所内を案内してくれたお姉さんが、そう言っていたからそうであろうが、私はこの言葉が気に入った。以降、私は自分をマウスフィール・テイスターであると自認している。

テイスティンググラスに鼻先の全てを収め、鼻腔内の粘膜をフル稼働させてのノーズィング。五感の一つである嗅覚は、常に研ぎ澄ましておきたい。

煙っぽさはスコッチのDNAであること

スコッチの象徴とされる"煙っぽさ"は、「スモーキー」あるいは「ピーティ」という表現をされる。つまりピート（泥炭）っぽいフレーバーは、そのまま泥炭の煙で麦芽（モルト）を燻した煙臭であるから、スモーキーと表現しているのだ。

この煙っぽさを通常は強いだとか弱いだとか、その程度の強弱を表現するのだが、実はこういう抽象的な表現ではなく、厳密にフェノール値という単位の名称を、「ppm」の数値で表示可能な、化学的な説明がしっかりと確立された分野でもある。

「ppm」とは「Parts Per Million（100万分の1）」の略であって、1ppmは100万分の1、つまり0.0001%ということになる。

最近の蒸溜所では、自家製の麦芽の使用が少なくなり、モルトスターと呼ぶ麦芽製造専門の業者に、どれ位の「ppm」に仕上げてくれというオーダーをし、納入されたモルトを使用する場合が多い。が、アイラ島の蒸溜所では今なお、フロアモルティングで大麦を自家発芽させている例もある。

この発芽後の麦の乾燥に用いる燃料は当然ピートであり、麦芽にはしっかりとピート香が炊き込まれ、仕上がったウィスキーのトップノートに直接影響している。

スモーキーさへの拘りがそうさせているのだが、マニアには極めて大切な部分である。しかし、この時炊き込まれるピートの濃度は、何ppmであるのか測定しているのを見たことはない。多分、職人の経験とカンを頼りとしているのだろうが、いちいち数値を測定しない大らかさが、アイラモルトの豊かな個性を磨いているのではなかろうか。ちなみに、ヘビースモーキーで知られる『アードベッグ』は上限55ppmといわれる。

泥炭と水

ピート（泥炭）の成分は、それを採取した土地によって細かく成分が異なっている。例えばアイラ島のピートは、しっかりと海草の残骸が堆積した湿地にできた泥炭だから、このピートで燻せば麦芽には単にスモーキーさだけではなく、他にも、素材としての石炭っぽさにプラスして、クレゾールのような臭いだの、いがらっぽさやウガイ薬などのヨード系の薬品のような香りも同時に焚き込まれるという仕掛けである。

この燃料としてピートで燻す他にも、ウィスキーがピーティになる理由がある。仕込み水だ。

スコットランドを流れる川は、平地のゆったりした流れから、山間の小川にいたるまで、その川のス

ケールが大きかろうが小さかろうがほとんど黒褐色系に染まっている。水が泥炭層を通ってくるためだ。が、これは濁っているわけではなく、染まっているだけなのである。スコットランドでは水の色の濃い川も、薄い川も、透明な川も、清冽そのものの水なのである。

スペイサイド地方を流れる、鮭釣りで有名なスペイ川を、橋の上から見てみるとほとんど真っ黒と言って良い。40〜50年前の東京の隅田川とソックリだ。しかし、スペイ川の水には色は黒いがサラサラとした感じがあって、隅田川とは全く次元の違う話である。この川水をそのままウィスキーの仕込み水として使用しているわけではないが、それほど

の水色だということをご理解願いたい。

　また、この水を口に含んだ経験はないのだが、蒸溜所の取水場もこのスペイ川の流域近くであれば、いかに泉から湧きたての銘水であろうと、多かれ少なかれ泥炭層を通っているわけで、色が無色透明であろうが黒かろうが、この仕込み水が味に影響を及ぼさないはずはないのだ。

　実際、スペイサイドの蒸溜所の中には、麦芽の乾燥にはピートを使わず、大多数はガスを使用しているし、さらにはモルトスターから麦芽を買い入れる際も、"ノンピート"と指定する場合も多いと聞く。それでもほとんどのスコッチには多かれ少なかれスモーキーさが内包されているから、仕込み水がいかに大切なものか簡単に想像がつく。

　そしてこの場合のスモーキーさは、トップノートとしてよりも、主にアロマに現れてくる。そして、これは当然マウスフィールにも最も初源的なインプレッションをもたらす大きな要素となっているのだが、(煙が)濃いだの薄いだの、はたまたいがらっぽいだの薬臭いだのと論争も多々あって、終末も結論も遠い彼方だ。

蒸溜所を訪れ、その近辺を散策して自然に触れるだけで、命の水「ウィスキー」は、水の星の大地の恵みであることを実感できる。

エステル系という名の華やかさの内

1.フルーティさについて

ウィスキーの香りの中の、華やかで芳醇な香りは「エステル系」という熟成香の範疇にはいる。

もちろん、私の場合は事細かな判別はつかないから、甘い感じもこれに含めたテイスティングとなる。リンゴやオレンジ、西洋梨やメロンの香りくらいは私にも区別出来るし、ブドウやバナナやイチゴといった果実も同様だが、ウィスキーに含まれる香りに、ある特定の、これだという果実の香りだけが目立つ場合は少なく、私の場合、やむなくフルーティという表現になってしまう。

が、中にはフレッシュフルーツではなく、明らかにドライフルーツ（干した果実）と思しき濃縮された、特徴的に甘い香りが含まれている場合もあって、この場合は私にもそれと特定できる場合がある。しかし、その場合は複合的な香りではなく、ある種の単一の香りしか私には嗅ぎ分けられない場合が多いのが残念だ。

しかし、ある時、「乾燥イチジク」なるものを入手し、これをつまみに一杯やることが多くなった。で、これを境に私の"香りの記憶"の引き出しにはこの乾燥イチジクが必然的に加わったのではあるが、これまで経験した多数のウィスキーの味わいの中に、これと出会ったことはたったの一例しかない。修行の足りなさを痛感しているのであります。

話を元に戻すと、アロマの段階となると、それらの香りには酸味までも加わってくるから話はややこしい。ドライフルーツとフレッシュフルーツでは、口中に感じる酸味もそれなりの濃厚さというか、質が違ってくる。その上、柑橘系（シトラス系）の果実は、ウィスキーの香りや味わいには、ごくフツーに存在しがちなのだが、その酸味がまたフルーティさの混沌ぶりにさらなる拍車をかけてしまうのだ。

専門家の分析を読んでみると、ただ柑橘系というに留まらず、グレープフルーツやらレモンやオレンジの皮とまで細かく記されているし、杏（あんず）やイチジクの実などという、あるか無きかの香りや、中にはリンゴがハチミツに浸かった感じなどという表現があったりもして畏れ入る他はない。

そのハチミツなのだが、私はカミさんの使いでハチミツ専門店に行かされたことが何度もあって、ここでもハチが集めた蜜の香りと味が、アカシアやミカン、リンゴ、蓮華などの花の種類によって全く異なっていることを嗅ぎ分けて（ノーズィングだぜ！）、味見もして知っている。

だから、フルーツの種類を明確に表現するような評論家先生が、私でも容易に判別可能なこのハチミツに関してだけは、単にハニーとしてしか表現していないのも不思議でしようがないのだ。で、件の先生方が、どんな花のハチミツなのかを特定出来ない、（あるいはしない）のは、スコットランド近辺のハチミツは一種類の花からだけしか採取されていないのではないかと、かなり皮肉っぽく疑ってみたりもするのである。

2.花の香り

同様に"フローラルな"と私が評する花の香りも、正直な話、私にはフローラルと間接的に表現する他はない。何故ならば、バラの香りもチューリップの香りも、シクラメンも、いきなりゴチャ混ぜにして臭いを嗅がされたら、「これが何」という特定が全く出来ないからだ。ただ花の"良い香り"だと思えるだけである。

それでもバラばかりに接していればバラ、シクラメンならばシクラメンといった嗅ぎ分けは出来るという自信はある。

　しかし、花屋のドアを開けて中に入って目をつぶり、「あ、チューリップがあるな」、「バラがあるな」、などと瞬時に多くの花の香りの中から、特定の香りが嗅ぎ分けられる人物は、花屋でもそうそう多くはいないだろうと思えるし、もしそれが私に可能であれば、職業の選択を誤っていたと思うしかない。だからウィスキーの香りの中の花の名前となると、私にはまさに花屋の店の中でブラインドテストをするようなものである。

　バラやチューリップやフリージアといった、大向こうを張ったメジャーな花の他にも、ヘザー（ヒース、日本ではエリカ）や"野生種"のスミレといった、花としては楚々として地味な表現にぶつかってたまげることも多々ある。

　しかし、このヒースが分布するハイランド地方の荒地（ムーア）を流れる、川ともいえないような小さな流れの水に、これらの花の香りのエッセンスが紛れ込んで、これが仕込み水となっているとしたら、これはまた楽しい想像が広がるというものである。

ちょっと地味目に樹木の薫香と樽香の木質感

　花の香りには不案内な私ではあるが、不思議な事に私にとって樹木の香りは、何故か普通の人々よりも数段細かな嗅ぎ分けが可能だ。

　樹木の種類ごとにこれは何、あれは何とまではいかないが、針葉樹林の森や、広葉樹でもブナや楢の原生林の近くでは2～3種の樹木の香りは簡単に区別がつく。実際、カラマツやトウヒ（エゾ松）、モミ、ハリモミなどの樹の匂い、森林香は大好きであり、特に小雨に煙る秋のカラ松林の森林香は若かった日々の山行きの記憶が甦って仄々とした思いが沸き上がって来るし、白樺の森に行けば樹皮からシロップが滴る香りもすぐに嗅ぎつけられるほどだ。

　だから蒸溜所の取水場付近の樹木の分布を見れば、その付近の地下の堆積物は見当がつくし、その地層で濾過された水であれば、その香りの根源も想像がつくというわけだ。ただし、想像がつくというだけの話であって、専門的に研究したわけではないし、科学的な見解を示した文献も読んだ事はないから、単に私の私的想像というに止めたい。私の樹木の香りの嗅ぎ分けは、若い頃の野外生活の経験が大きくものを言っているだけであって、訓練した成果ではないから大きな顔は出来ないのだが…。しかし、ある種のモルトの中には、明らかに懐かしいこれらの樹木の香りが立ち上ってくるのが判別できて、これは嬉しい。だから花の香りにも、もっと親しんでおけばよかったと、しみじみ思うこの頃なのである。

　で、木材に関したウィスキーのテイスティング用語の表現には、熟成樽の素材（木材）に根差したものが多い。「ウッディ」な、と表現される場合も多々あるのだが、その場合はバニラ系の香り（や味わい）や、カラメル様の焦げた感じが絡んだ甘さだとか、トッフィ（英国伝統の砂糖＆バターのお菓子）様の甘さと焦げ感だとか、ほとんどがカスク（樽）由来の木質感の話であって、森林の中の特定の樹木の話ではない。

　木質感を語る場合も、新樽が使われている場合にはフレッシュな木香も感じられるのだが、今ここで私が説明したいのは、単純に森林の中の樹木の香りが、果実類や花々の香り同様に、香りの一要素となっているという話である。

　それにしても使用される原材料が大麦麦芽だけ。その上、どの蒸溜所でも似たり寄ったりのスコッチウィスキーの製法で、どうしてこれだけの香りや味に違いが生じるのか。ま、端的に言ってしま

えば、それは糖化した麦芽が醗酵する時の、様々な化学反応によって生成され、さらには熟成時に樽の置かれた環境によって熟成に違いが生じるというのがその理屈、理論のあらましであって、味も素っ気もあったものではない。

が、使用されるウォッシュバック（醗酵槽）が木製か金属製かによって大きく左右されることは容易に想像がつく。そして気温や湿度、ウェアハウスに吹き付ける風の加減などの、ウィスキーが熟成貯蔵される条件だとか、貯蔵する樽の種類、木材だとかによって、樽の中の空気中の酸素とニューポットが反応して酸化する。その結果として、フルーティかつフローラルな香りがニューポットに付加さ

れるという論理も重々理解してはいるのだが、それでも摩訶不思議である。

専門家はもう既に、ほとんどの部分に科学的な解析のメスが入れられていて、本当は一から十まで理解しているのかも知れないが、素人がそれを知ってしまうことによって、ある意味、あまりにもリアルな人体解剖によって、人間の生命の根幹を全て把握したも同然の結果となっては、生命の神秘と同様にウィスキーロマンが消し飛んでしまう恐れが大だ。その方が私には辛い。プロのウィスキーの研究者ではないのだから、謎は謎として残って、「不思議だな！」と思い続ける方が楽しい場合もあるのだ。

スパイシーさという刺激的雑味の異端

インドやパキスタンの料理を例にとるとキリはないのだが、一般的に、日頃我々が口にする食べ物飲み物に使用されているスパイス（香辛料）の代表は胡椒と唐辛子であり、辛味と香りに極めて直接的に関わってくる。そしてショウガやシナモン、ハーブ系の香り（や味）も薬草ではあるがその範疇であろう。

スコッチウィスキーの中の、フローラルやフルーティ、あるいはスモーキー、ブリニー（しょっぱさ）といったお馴染みのテイストと香りの中には、ブリティッシュ（英国圏）の人々が好むハーブとはまた別の、明らかにスパイシーだとしか言い様のない要素が含まれるものも存在していて、その印象が強烈なるがゆえに、スパイシーという"隠し味"的な要素は一部のマニアの嗜好を猛然と刺激する。

例えば、スカイ島産の『タリスカー』のように、そのスパイシーさを最大の特徴としてマニアックな存在感を確固たるものにしている例すら存在する。しかし、スコッチ（モルトウィスキー）には大麦以外の原材料は使用することが出来ないから、このスパイシーさもエステル系と同様に、直接的材料以外の何らかの二次的、三次的要因によって生成されていることになる。

そしてこれらは、口に含んだ一口目にやって来るアルコールの押し出しによる揮発感と共に感じる"ピリピリ"とした辛味ともまた異質のものである。

貯蔵樽が直接的にスパイシーさを付加するとは考えにくいが、ポットスチルの素材の銅の成分が溶け出しているとしたらどうだろう。実際に、私は『タリスカー』のスパイシーさは、ポットスチルの長大な全長のアームが、クランク状に取り回されているからだという説が、まことしやかに語られている文献に複数接している。

酸味や硫黄っぽさ（サルファー）ならば何やら想像もつくが、これは私には想像の埒外であって、同時に私の好みのウィスキーは大抵スパイシーさが含まれているので一層の興味がわくのだが…。

それにしても、新品時のポットスチルの銅材の厚みが15mm以上もあるのに対し、寿命に近づいてくるとほぼ2〜3mmにまで減っているという事実は、ひょっとして、と思わずにはいられない。

浅学の酔っ払いにはこの辺りが限界のようだ。

苦味（ビター感）とオイリーさ

ウィスキーで感じるビター感（苦味）は、例えばゴーヤ（苦瓜）のような、ただそれだけで強烈な苦味が浮き立ってくるものではない。フローラル感やフルーティさ、甘味や酸味に二重三重に絡む要素であって、苦味だけが独立して感じられることはまずない。少なくとも私には他の香りや味と複合するものだと感じられる。

例えば夏みかんやオレンジの皮には、爽やかで酸味の効いた香りや甘味が含まれるが、噛み締めてしまうと独特の苦味が出てくる。が、これは味わいであって、ウィスキーを口に含んだ時に感じる香り（アロマ）以降でなければ判明しない要素だ。

トップノートだけでこの苦味を感じられる人はプロ級であろう。何故ならば、この場合の苦味は、独立してただ苦いのではなく、皮の香りや甘味に溶け込み、あるいは引っくるまっているからであって、苦味だけを語れるものではない。だから話をウィスキーの中のビター感に戻すと、そのビター感が何

タリスカー蒸溜所の、独特なポットスチルのアーム。頂点で90°に曲げたものをさらに2度も90°に曲げて取り回す理由は定かではないが、ウィスキーの個性に何らかの影響を与えているのでは？　と考えるだけで楽しくなる。

と一体になったものかを表現するしかない。ビター感があるがゆえに味に複合感、積層感が生まれ、そのフルーティな酸味に奥行や力感を与えている場合も多々あるのだ。

　ナッツ様のオイリー感に関しては、ピーナッツやアーモンド、クルミなどの様々なナッツ系のパサつき感が消えた後味には、確かにうっすらと舌先に残るオイル感はあるし、クリームっぽさ、バターっぽさ等々が、ウィスキーにこってりとしたコクを乗せるベースになってもいる。そして口中に残る、飲んだ後の味わい（フィニッシュ）の長さを保たせる要因にもなっている。つまり、長いフィニッシュの裏には、目立たぬレベルで内包されたオイリーさがある。そう私には思えてならない。

　こういうオイリーさはわざわざと指摘するまでもなく、味の複雑な積層作用だと私は考えるようにしている。だから、バターや生クリーム様のナッツ系とは異なる脂肪系のオイリーさも含めて、突出した感じでもない限りこれといった指摘も特別にはしようとは思わないのである。

潮の香りと塩味の伝説、そして奇跡

　スコッチの産地の中でも、キャンベルタウンやハイランド、アイランズ（島々）に区分けされる銘柄には、明らかに潮の香りや、しょっぱい味がするものが多々あって、これをブリニーと表現する。

　モノの本によれば、これは磯辺に建てられた蒸溜所のウェアハウス（貯蔵倉庫）の立地条件によって、磯の香りと吹きつける潮風に薫陶された結果であるとしている。

　これらの蒸溜所の辺りを散策してみると、確かに磯の香りが強く、吹き付ける重い湿気を含んだ潮風も強くて、それらの言葉には、もっともらしい響きがある。

　しかし何といっても海水自体は無臭であって、「磯の匂い」というのは磯辺に流れ着いた海藻やゴミが腐敗した匂いであるから、海水に匂いは無くても空気には例の"磯臭さ"含まれているのだ。が、ある時私はこう考えた。

　いかに潮風が強かろうと、磯の香りが強かろうと、樽の中に詰められた上、露天ではなく、倉庫の中に寝かされている酒にそうそう臭いや味が付いてたまるか！　と、そういう思いが頭を過ぎったのだ。

　科学的に説明すれば、気温の高い時の熟成樽の中ではウィスキーが膨張し、内部の空気を樽の外に追い出し、気温の低い時は、逆に樽内部にはウィスキーの収縮によって負圧が働いて外の空気、この場合は、ウェアハウスの外の、磯辺の空気

が匂いと共に樽内に浸透してくる。つまり樽（の木材）が呼吸しているのである。

　そういう理屈は百も承知ではあるが、『潮風が育んだ磯辺のモルト』ということにしておけばまず第一にもっともらしいし、そう聞かされた者は、その酒に何やら有り難味が増して、味わいに深みが加えられようというものではないか。つまり、「ウィスキーロマン」そのものではないか。

　この論法でいくと、これが磯辺ではなく、深い森の中のウェアハウスに寝かされたものには、何か森林の霊気みたいなものが沁み込んで、一杯やったら森林浴でもしているような気分になろうというものである。が、ある種の樹木の香りまでは聞く話しだし、自分でも嗅ぎ分けられるのだが、『森林浴』系のシングルモルトという、"あれば良いのに"というウィスキーの話しは聞いたことがない。で、塩味も磯の香りも本当はもっと違う科学的な理由、根拠があってそうなるのではないか？　そう思ったのである。

　そこで、素人なりに私は考えてみた。モルトの仕込みはマッシュタン（糖化槽）やウォッシュバック（醗酵槽）が木製か金属製かの違いこそあれ、味に直接関わってくる過程は原料、製法共にどの蒸溜所もほとんど同じであって、そうそう大きな違いは出ないはずだ。

　しかし、水だけは蒸溜所の立地条件によって大きく異なる。スモーキーなウィスキーの産地の蒸溜所が水源に選ぶのは、泥炭層を通過してきた水であることが多く、その多くは最初から水が茶褐色であり、アイラ島の水源地の池や小川の水ときたらひときわ真っ茶々である。その上蒸溜所の近くで水を採取するとなると、いかに水質が優れた軟水であろうと、泉から湧きたての清冽な水であろう

と、その時点ですでに水には磯の海草などの堆積物の臭いが含まれている公算が大だ。それほどアイラ島の蒸溜所はどこもみな磯ッ端に立地しているのである。

　つまり、磯の香りやヨード系の薬品（クレゾールなどの消毒液や正露丸）のような臭い（や味）と、フェノール香（臭？）と、塩味は最初から水に溶け込んでいるということになる。ただ単にスモーキーだのピーティだのと言われる香り（臭い）の中に、青臭さを含んだ苔っぽさや、草いきれ、正露丸の空瓶のような臭い、スリ下ろして時間を置いたショウガ様のいがらっぽい味わいも同居しているのだ。

　特に樽の中で熟成をさせるにあたって、蒸溜が終了したばかりの70度を超えるエタノール濃度（アルコール分）をもつ原酒（ニューポット）を60度位にまで薄めて貯蔵するのだが、この時の加水が一癖も二癖も噛んでいるのではないかと当たりをつけたわけである。

　何故ならば、蒸溜されたばかりのニューポットを何度か飲ませてもらった経験から言って、ニューポットには、この加水に使用される水と同じ仕込み水が使われているはずなのに、この時点での味には強いスモーキーさも、ヨード臭も、まだ薄いからである。

　ま、2度も蒸溜されれば、そういう不純な要素は飛んでしまっても不思議はないのだが、すでに蒸溜が終わってしまったニューポットに、この時点で新たに水が加えられたらどうなるのか？　この上の蒸溜はされないわけだから、水の味はダイレクトにニューポットに反映されるのではないか？

　次に熟成を終えてボトリングする段になって、樽の原酒のアルコールの度数調整段階で、大概は再び加水されるのだが、この時の水も、またまた例

の仕込み水（マザーウォーター）であり、真っ茶々水の一環である。影響が出ないわけはないでしょう！

以上が、私がスコッチをたしなみ始めた頃に導き出した結論なのであって、ブリニーさ、磯の香りといった『潮風の薫陶』の秘密を垣間見た気がしてほくそ笑んでいたのである。

が、磯から遠く離れたハイランド産のウィスキーにも明らかにしょっぱいものがあるが、あれは一体どうした訳なんだろうか？　ハイランドの場合は、沼沢地の太古からの堆積物に含まれていた塩分が水に溶け出すという、"神のイタズラ"的な配牌なのだろうか？　きっとそうなのだろうな、そうに決まっている！　水が勝負なのだ！　そして、暫くの間はこの推論でニンマリとしていられたのである。

勉強家である私は、雑学の域にも達しない理論武装に励んでいたのであるが、強制的に熟考再度！　ということになってしまった。何故ならば3度目に訪れたアイラ島は、私にとっては初めての秋だったのである。そしてこの時期、秋から冬にかけての季節風がすでに吹き始めていたのだ。

アイラ島もキンタイア半島のキャンベルタウンも、しょっぱいウィスキーの産地はどこも、日本人である私には冷涼を通り越した寒冷の地である。その上、私が訪ねた蒸溜所はどこも、海岸のすぐ脇、それも満潮時には建物が潮に浸かってしまいそうなほど、磯端ギリギリにという場所に建てられている。そこに塩気を一杯に含んだ風が、正面といわず側面といわず吹きつけていた。

そう、この旅で私は、秋真只中の重い潮風を体いっぱいに受け、自分自身が風に薫陶されてしまったのだ。この体験が重かった。そして夏は夏で、海からのミスト（重い霧）に包まれる日も多い。

こういうロケーションで伝統的なフロアモルティ

ングをするとなると、開けっ放しの窓からは潮風もしぶきも直接麦に降りかかろうというものである。そうして出来たニューポットの熟成もまた磯端のウェアハウスである。

私のマインドの中の自論は変節せざるを得なかった。やはり風のなせる業なのか！

私のこれまでに構築した推論は、果てしのない水掛け論に変貌してしまった。どうも潮風の「ウィスキーロマン」は、ロマンとして不可侵の領域を確立しているような気がする。

自説は図らずも根拠薄弱となってしまったのだが、これはこれでウィスキーを旨く嗜むための根拠とすれば悪くはないのである。こんなヨタ話が思い浮かぶ夜は『アードベッグ』を引っ張り出すに限る！

それもちょっと贅沢に「ウーガダール」であれば言うことがない！

熟成年数の違いは個性の違いであって、クラス分けの指標ではない！

文＝和智英樹（フォトグラファー）

スコッチのモルト（グレーンもそうだが）は最低3年間、樽に詰められた状態で貯蔵庫で寝かされ、熟成することがスコットランド当局の法律によって義務付けられている。この3年を過ぎて初めて、樽の中で眠っていたウィスキーは「スコッチウィスキー」と名乗れるようになる。そして、熟成年数に応じて蒸溜所（またはボトラー）の思い描いたコンセプトに則り、ボトリングされて出荷される。

で、ブランド（蒸溜所）によっても異なるが、10年、

12年、（中には15年、16年も稀にはあるが…）といったところを各社とも主力としていて、ハイクラスとして20年以上のボトルまでラインナップされている。特に10年、12年というボトルは、樽の中のウィスキーの熟成が頭打ちになってくる時期であり、その熟成が鈍るタイミングを各蒸溜の職人頭（マスターディスティラーと呼ぶ）が見計らっていて、大体がこの年数を標準として見切る。それ以上の年数は、蒸溜所やボトラーなど、メーカーの考えるボトルへの付加価値なのである。通常、熟成は10〜12年で打ち切るのが効率から言ってベストなのだが、効率が最優先とならないのがウィスキービジネスであり、顧客の好みなのである。

味わいの傾向としては、熟成年数の若いものほどフレッシュで刺激的。瑞々しく力強く、荒っぽい面も消えてはいない。が、熟成年数を重ねるに連れ、角が取れ、まったりとしたまろやかさが顔を出すようになり、各年数ごとのウィスキーを味わってみると、元々は同様に仕込まれたウィスキーであるとは俄かには信じ難いほどの変貌を遂げる。また、ダブルマチュードという手法で、熟成中にそのモルトの個性を強制的に変貌させるという手もあって、現在、生産量の大きなボトラーがこれを得意としているが、蒸溜所もオリジナルボトルにこの手法を採用する例もみられる。

例えば10年目まではバーボンカスクで熟成させ、10年目から先は（昨今では希少な）シェリーカスクに移し変えて再熟成させたり、中にはラム酒の古樽や、白ワイン、ポートワインの樽まで熟成用として採り入れていて、昨今は、スコッチといえども旧態

依然という手法ばかりではない。

　こうして、バーボンカスクのみ、バーボン＋シェリー、バーボン＋ワインカスク仕上げなどのそれぞれ12年、15年、といった風にバリエーションの拡大を図っているのだ。野球でいえば"変化球"であり、ストレートの一本勝負ではウィスキービジネスを勝ち抜けないのが昨今のスコッチシーンなのである。

　それでも自分のお気に入りはこれだという1本を探し当てる楽しみもあるのだが、基本的に酒の"愛好家"である私は、あれこれ批評しながらも、ボトルの半量を味わっているうちに、ああ、これも有りだなとなってしまう場合が多く、「だめだ！　不味い！」と言って否定できるボトルは結果的に存在しない。だから悩みは尽きない。

　10年、12年といった各社の激戦区に投入される製品は、その蒸溜所の個性が最もよく現れている場合が多く、価格もいわゆる"売れ線"ゾーンに設定されていて、コストパフォーマンスは最も優れている。その上、そのブランド（蒸溜所）の特徴、傾向を判断するにも最適なのがこの一般的な10〜12年というクラスなのである。

　熟成年数が進むに連れてお値段の方もハネ上がり、20数年ともなるとちょっと凄みのある価格が設定される。で、ここが誤解の元なんだけども、先ほど私もハイクラスと述べたように、価格が高い＝高級品という図式が一般的には浸透しがちである。しかしこれは価格から言えば、という注釈付きの話であって、味、質の良し悪しとは別次元であることを、まず一言述べておきたい。

　ま、しかし一言で20年ものと評してしまうが、樽の中の原酒は年に3％がところバッカスの天使に"ピンはね"されているのだ。単純に考えてみても20年という歳月は、その樽の中身が製品化される

時には、60％もがすでに天使に飲まれてしまった後の"飲み残し"という計算になる。これを考慮すれば、やむを得ないか！　という気にもなろうというものだが…。それにしても高い！

　熟成年数はボトル価格に反映されて、ランク分けされ、店頭に並ぶことになるが、これは前述したように個性の違いである。

　熟成年数が増すにつれて、妖艶で濃密な味わいに変貌することは知られている。が、逆に失われていく部分もまた少なからず存在する。美味い、不味い、のランク分けではないことを、酒飲みとしては固く肝に銘じておくべきであろう。

　私はこういう下卑た表現しか出来なくて恐縮だが、人間の女性を想像してみるとよい。若い娘の華やいで瑞々しいが、その若さがゆえのパワフルな傍若無人さは、人をちょっと疲れさせる部分もあって、こんな時、年のいった落ち着きを身につけたご婦人に心の安らぎを見出す場合も往々にしてあるはずだ。が、かといって毎日、妖艶さばかりを味わっていては飽きも来よう。贅沢なようだが、これが男の本音というものだろう。10〜16年といった"売れ線"には、中庸なりの意義、大儀がしっかりと備わっていることを心しておくべし。

　ある年、私は蒸溜所操業開始後15年しか経っていない『アラン』蒸溜所を訪れた。この時点では蒸溜所のオリジナルボトルの主力は「10年」のみであって、私はこれを1本仕入れて、ああだこうだと理屈を述べつつ1本を空けた。未だ若さゆえの荒っぽさが残った瑞々しさは、私のウィスキーに対する感性を大いに刺激した。

　その後さらに3年が経って、今度は新たな主力となった「12年」を日本で手に入れたのだが、明らかに個性が異なったものになっていて、ちょっと

熟成年数の違いは個性の違いであって、
クラス分けの指標ではない!

驚いた。大幅に角が取れた大人しい印象しかなかった。「10年」の、アロマで感じたフルーティな酸味にビターが躍るような印象は影を潜め、熟成感はあるが総じて突出する個性はなく、私には凡庸な味わいとしか映らず、がっかりした。

多分大元のカスク（樽）は、3年前の「10年」と、同時期に蒸溜された同年式のはずだからだ。このたったの2年という熟成年数の違いが生み出すテイストと個性の差。価格以上に、個性には大きな差があることを実感した。

私はモルトがブームとなっているというイタリアで、売れ線は「10年」以下の若いボトルであり、「12年」以上はそれなり以下だというデータを目にした時、単にそれは経済的な理由からであろうと思っていたのだが、『アランモルト』の一件以来、イタリア人は未だ若さ、瑞々しさが残るウィスキーを好む傾向があり、「ウィスキーの年数」は個性の違いだということを正しく理解しているのでは、と思うようになったのである。

酒飲みという人種の本能は、その日一日の終わりには、自分のコンディションに応じたものに手が伸びるように、自然自然と感性が磨かれ鍛えられているのである。

金額の高い安いでウィスキーを論じていては、ウィスキーの本質は永遠に理解できぬものと心得ておこう。

SCOTCH WHISKY
The Truth of NEW ERA

スコッチウィスキー 新時代の真実

最新のウィスキーシーンでは、ウィスキーが直面する環境とその時代の下、

世のご同輩方が愛して止まないスコッチウィスキーは、

その表層部分を様変わりさせてしまった。ことの発端は、

火が着いたまま地底で密かに燻ぶっていたブームがついに浮上した時である。

ウィスキー史上、最大の規模でブームは燃え広がる。

好、不況によって浮沈の激しい業界はひと時の春を迎えた。

中でもシングルモルトはブームの中の寵児でさえあった。

まさにウィスキー業界にとっては追い風。順風満帆と言って良かった。

しかし、零細の域を出ない生産規模の多くの蒸溜所では数年を待たず、

その追い風に向かって上げるべき帆が枯渇してしまった。

結果として蒸溜所の表看板であるべき10〜16年といったボトルは激減し、
ディスコンの憂き目を見る。ボトルは存在していても、
ウェアハウス内のストック量の激減したカスクではブレンドも思うに任せず、
かつてのテイストの再現はままならない。
しかし"酒"としての本質はそのままである。つまり、枯渇しかかった古原酒に、
若年式カスクの原酒をブレンドする技術の試される時代が到来したのである。
そして、かつての栄光の復活までのスパンは10年だ!

ARDBEG

アードベッグ

SCOTCH WHISKY
The Truth of NEW ERA
スコッチウィスキー 新時代の真実

アードベッグ蒸溜所は、本家グレンモーレンジィの人気をも
上回る勢いと販売力を見せており、アイラ島の魅力をさらに
盛り上げる先駆者となった。テイストを落として生産ボトルを
増やす蒸溜所は多いが、テイストを落とさずブランド名を高
め、販売量を増やす希有な蒸溜所であることは間違いない。

アードベッグのオーナー、モエ・ヘネシー社は、アードベッグの
蒸溜はテイストを変更せず今後も持続することを言明した。

アイラの巨塔。ヘビーピーテッドの伝説

200周年

　2015年、創業200周年を賑々しく祝ったアード
ベッグは、創業2世紀を越えた世紀を歩み始めて
いる。記録によれば蒸溜所の最初の操業は1794
年にアレキサンダー・スチュアートによってなされた
とあるが、正式創業は1815年、マクドガル家によっ
てなされた。なお同年の創業は、同じくアイラ島の
南岸、近隣にある「ラフロイグ」も同様である。

　会社としてのアードベッグ蒸溜所は、その後の
150年間のみが創業家によって経営されるが、長
年、閉鎖（一時休業）と操業再開を繰り返して来
た。そして1997年、ダイアナ妃が亡くなった年、グレ
ンモーレンジィ社が最終的にアードベッグを買収し
て現在に至っている。

　この買収以後は、それ以前のアードベッグ蒸溜
所が製造し熟成貯蔵していた古いモルトを細々と
製品化していたのだが、買収からまる10年が経過

した2008年、グレンモーレンジィ社となってから蒸
溜、エイジング（熟成）してきた原酒のみを製品化
するようになった。とは言っても年産130万リットル
という少量の生産規模であり、スペイサイドの雄、
「ザ・グレンリベット」の生産量1,050万リットルの約
1/10強程度でしかない。その上、アードベッグのモ
ルトはブレンデッドの「バランタイン」の基幹原酒で
もあるため、シングルモルトとしての流通は極めて
少量であった。

剛球一本の系譜

　アードベッグのプロフィールは、男性的な超個性
派が割拠するアイラ産のシングルモルト群の中で
も剛球一本、強烈な個性を前面に押し出したパ
ワフルさと存在感を前面に押し出したモルトであり、
重量感剥き出しのヘビーテイストを最大のウリ物と
する。
　蒸溜所はゲール語の「Ardbeg（小さな岬）」と

蒸溜に使用するモルトは現在、蒸溜所から車で10分程の立地にあるポートエレンのモルトスターで調達。従って、このパゴダ屋根から煙が立つことは無い。

オレゴンパイン製の6基のウォッシュバックは蓋付き。これらは1997年の再稼働開始に合わせてディアジオ社から購入し、旧い鋳鉄製と入れ替えられた物である。

いう名の通り、アイラ島南岸の港街ポートエレンの東約6km、大西洋に突き出た磯端に建つ。スコットランド沿岸は潮の干満の差が激しく、満潮時には蒸溜所の建物の基礎部分は波に洗われ、潮が引いた後の磯には上げ潮に乗って浮遊していた海藻類が取り残されてゆったりと腐敗が進行する。この匂いが所謂「磯の香り」というやつだ。が、もともと海水は無臭である。

こういう香りをウィスキー的に表現すると「ヨード臭」ということになり、塩分を含んで吹き付ける重い潮風に乗って、樽詰めされたモルトが眠る熟成貯蔵庫に入り込み、樽材にジワジワと浸透する。そして長い年月、毎日繰り返されるこの磯端のドラマが、熟成中のモルトにアイラ特有の磯臭さやしょっぱさを演出するのだとマニアは信じて疑わない。ウィスキーロマンそのものである。

伝統の中の現代風

アードベッグの製造に使用する麦芽は、蒸溜所から程近い、旧ポートエレン蒸溜所で操業するモルトスター（麦芽製造専門会社）にオーダーし、スモーキーさの指標であるフェノール値を45～60ppm（Max）に調整された麦芽を買い付けている。これはラフロイグの年産330万リットル、ボウモアの200万リットルの半分に満たない生産量から見ても高効率で妥当な方策であろう。ちなみに現在では、自家製の麦芽を使用している蒸溜所はスコットランド全土を見ても極めて少ない。これが生産効率と収益を最優先する現代の蒸溜所事情である。

蒸溜設備は、マッシュタン（糖化槽）はステンレス製で1基。オレゴンパイン（松）製の6基のウォッシュ

ウォッシュバック内で発酵中のウォート。炭酸ガスが発生し、グツグツと泡立っている。

一組のランタン型ポットスチルのみで蒸溜をまかなう。手前のスピリッツスチルは、
アイラ島の蒸溜所で唯一のピューリファイアー（精溜器）を備えている。

スピリッツセーフに流し出された、再溜を終えたニューメイク。各種の計器に表示されるデータと共に、このガラス容器を満たす液色にスチルマンが目を光らせ、適切なタイミングでミドルカットのみを取り分ける。

バック（発酵槽）。ポットスチルはローワイン（初溜）、スピリッツ（再溜）スチルがそれぞれ1基ずつという、極めてシンプルな構成だ。

　そしてこのスピリッツスチルのヘッドパイプには「ピューリファイアー」と呼ばれる精溜器が取り付けられ、蒸溜の精度を上げているが、ピーティさの中の、まさに有るか無きかという程度に存在するフローラルかつフルーティな甘さをこれによって演出しているのである。この微かな甘さが樽（バーボンカスクやシェリーカスク）の中で眠る年月で劇的に増幅され、ピーティさと渾然一体に熟成されるのだ。こうしてボトリングされた製品は、そのあまりのピーティさ故に「The Peaty Paradox（ピーティの逆説）」というニックネームが付けられているほどである。つまり、このニックネームの裏にはピーティさにガンジ搦めにされてはいるが、実は甘さもコクもしっかりとあるんだぜ！　という意味が鋭く内包されているのだ。

原酒不足時代の商魂

　そして近年、世を上げてのウィスキーブームに乗って、10年以上熟成した原酒の枯渇が叫ばれる中、アードベッグは200周年の記念ボトルとして『パーペチューム』をリリース。それまでも年式非表示のボトルをアードベッグのお家芸とも言える絶妙のブレンドセンスで展開してきたのであるが、ここにきてその路線は一気に拡大。アードベッグテイストの象徴である『10年』に劣らないクオリティとテイストを保持しつつ製造しながらも、価格はきっちり吊り上げるというビジネスを展開させている。流通しているボトルをざっと紹介しておくと、

『アードベッグ 10年 46%』（4,800円）に対し、
『ウーガダール 54.2%』（7,700円）、
『コリーヴレッカン 57.1%』（8,900円）、
『アン・オー 46.6%』（6,300円）、
『グルーヴス（2018年発売）』（12,000円）、
『ドラム（2019年発売）』（12,000円）、
『ウィー・ビースティー（2020年発売）』（5,100円）、
『スーパーノヴァ』（価格不明）、
『アードベッグ 16年』（価格不明）、
『23年 トゥエンティサムシング』（価格不明）、
　そして、登録制ファンクラブの「アードベッグコミッティー」会員にのみ販売される、
『コミッティーリザーブ』（価格不明）もあって、全てのボトルで高額なプライスが設定されている。
※価格は市場の標準的価格または、発売時の税別希望小売価格。

アードベッグでは主にバーボン樽、シェリー樽、ヘビーチャーリングのホワイトオーク樽（新樽）などを熟成に使用しているが、2020年5月に発売された数量限定ボトル「Blaaack」にはピノ・ノワールの赤ワイン樽を使用したとアナウンスされている。

蒸溜所の敷地には似たような白壁の建物が点在し、ビジターには事務所とウェアハウスの見分けがつけにくい。

アードベッグ パーベチューム
ARDBEG PERPETUUM

［ 700ml 47.4% ］

BOTTLE IMPRESSION

　アードベッグの創業200周年を謳った限定ボトル。リリースは2015年で、ボトリングも同年。パーベチュームというのはラテン語の『永久』だというが、「時代は変わっても、アードベッグは残っている」というメーカーのスローガンを具現化したネーミングである。

　メーカーのコメントによれば、内容はバーボンとシェリー酒のカスクで熟成された2種類の古原酒と、まだ熟成の若い樽の原酒を“未来を見据えた”コンセプトでブレンドしたモルトだとのことである。

　酒色は『10年』よりはやや暗めな琥珀色。タンブラーからの立ち上がりは「アードベッグ」のラインナップ全てのリファレンスである『10年』を含めた“通常”のボトルよりも、やや控えめでマイルドなアルコールの揮発感とスモーキーさに、僅かなレーズンやバナナ様のドライフルーツと松脂っぽさとゴム系のタール感が。アロマ以降も同様の雰囲気がベースとなってやや潮っぽさが顔を出し、ヨード臭が強くなって、これにバーボンカスク由来であろうコショー＆チリ系のスパイシーさ、ダークチョコレートとトッフィのコクが乗る。フィニッシュはバニラの甘さにビターが絡んで長く、タンニンが混じる。

　ただ「200年」というキャッチにのみ価値がある1本と見た。が、「アードベッグ」はエントリーかつシンボライズな『10年』を含めたラインナップ全編にわたってクオリティの高さを維持しているだけにこういう評価となるのはやむを得ない。純粋にテイストを楽しみたいだけの酒飲みには、価格が馬鹿げている1本！（発売当時の税抜希望小売価格は12,000円）

ピーティ
PEATY
ピート / 薬品 / 樹脂

パンジェント
PUNGENT
つんと来る / 熱い / ちくちく

シリアル
CEREAL
マッシュ / モルト / 焦げた匂い

ビター
BITTER
苦い / 塩 / 土臭い

アルデヒディック
ALDEHYDIC
刈られた草 / バニラ/グリセリン

オイル
OIL
ナッツ / バター / 脂肪

スイート
SWEET
蜂蜜 / バニラ / グリセリン

ウッディー
WOODY
新木の香り / フルーツ

アードベッグ ウーガダール

ARDBEG UIGEADAIL

［ 700ml 54.2% ］

BOTTLE IMPRESSION

　シェリー樽の原酒を使用したアードベッグ得意の年式非表示の1本。ボトル名である「ウーガダール」は、アードベッグ蒸溜所の使用する仕込み水の取水場であるウーガダール湖に由来する。この湖の水色はアイラ島の湖の中でもとびっきりの黒さであり、現地を目の当たりにすると、あのアードベッグ特有のヘビーなピーティさも、「ああ、この水ならば!」と頷くばかりである。が、そもそもこの湖の成り立ち自体が、泥炭(ピート)層の中の窪みに水が蓄えられただけなのである。

　つまり、燻しの効いた麦芽にこの"黒い湖"の水を使用して、アードベッグのアイデンティティでもあるスモーキー(ピーティ)さにダメ押しをしているという訳だ。

　酒色はアンバーでシェリーカスクの原酒を想起させる。立ち上がりはアルコールの揮発感に、トッフィ様の甘さとコクにタールっぽさが被さる。が、この時点ではアードベッグ特有の重量感あるピーティさ、ヨード感は想定以内だが、アロマ以降では濃密感を持って盛り上がる。そしてハチミツと完熟の柑橘系果実、レーズンにタンニンが乗り、トッフィ様のコクもある。フィニッシュに向かっては甘さに張り付いたピリピリとしたコショー様のスパイシーさも盛り上がり、ゴム臭も浮きだす。フィニッシュは最後までピーティであり、トッフィ様のコクも残っていて微かにコーヒー(エスプレッソ)っぽくもあり、ビターが絡んでかなり長い。

　54%というアルコール濃度がテイストの核心部に分厚さを与えてはいるが、甘さに流れず、アードベッグ特有の重量級のピーティ感とヨード感、フルーティさ、甘さ、コクのバランス良い押し出しがあって、ブレンドの巧みさに秀でた1本であり、アードベッグ渾身の一作と評して良い。

味わい図太い剛球54度! ヘビーピートの真髄!

ピーティ
PEATY
ピート / 薬品 / 樹脂

シリアル
CEREAL
マッシュ / モルト / 焦げた匂い

パンジェント
PUNGENT
つんと来る / 熱い / ちくちく

アルデヒディック
ALDEHYDIC
刈られた草 / バニラ / グリセリン

ビター
BITTER
苦い / 塩 / 土臭い

スイート
SWEET
蜂蜜 / バニラ / グリセリン

オイル
OIL
ナッツ / バター / 脂肪

ウッディー
WOODY
新木の香り / フルーツ

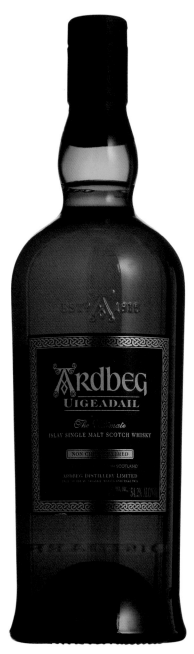

アードベッグ アン・オー
ARDBEG AN OA

[700ml 46.6%]

BOTTLE IMPRESSION

シェリー（ペドロヒメネス）＋オークの新樽（多分、ヘビーチャーリング）＋リビルドバーボンの3種類の樽で熟成した原酒をヴァッティングした1本。

酒色は輝くゴールドで、アルコールの揮発感が煙幕と共に立ち上がるノーズィング、そしてアロマ、マウスフィール、フィニッシュに至るまで全編を通してひたすら煙幕に覆われてはいるが、この煙幕の下には思いのほか甘く、クリーミーかつフルーティなテイストが埋め込まれている。が、この甘さの裏にはシェリーカスク由来のゴム臭も。そしてバタースカッチ、タバコの葉様に柑橘系果実。これはオレンジケーキのようでもあり、微かにミント（ハッカ系）も入り混じる。そしてテイスト後半には潮っぽさとお馴染みのヨード系が盛り上がる。フィニッシュは長く、スモーキーであり、微かにヒッコリーのニュアンスがあって、ピーナッツぽいオイリーさを残したまま潮が引く。

アードベッグは近年とみに年式非表示ボトルを拡充させているが、このボトルもその一角。2017年の発売で10年以上のカスクグループだというが、確かに熟成年数由来のフレッシュさはない。ま、テイストはわかり易く、アードベッグに関しての講釈を一席述べたい人には恰好の1本。『10年』と飲み比べて価値を判断願いたい。

BOWMORE

ボウモア

湾を挟んだ斜向かいにブルックラディ蒸溜所を臨むボウモア
蒸溜所。潮の干満という条件を差し引いても、まさに波打ち
際スレスレという立地に驚きを隠せない。

アイラの保守本流に吹き付ける波と風

実像のボウモア

　アイラ島中央部の西岸、ボウモアの街はこの島の行政上の中心地であり、蒸溜所の名前は大半のスコッチ同様、ズバリ街の名前を冠したものだ。建物は短い桟橋一本の小さな港のすぐ脇。桟橋から眺めると海に浮かぶ白亜の要塞といった風情である。波打ち際のウェアハウスという立地は、ラフロイグやアードベッグと同様で、ヨード系の香りやブリニーさを育む"揺りかご"としての欠くべからざる条件なのである。

　創業は1779年と古く、アイラの蒸溜所の中では最古の歴史を誇るが、ジョン・シンプソンによって設立された後は6回にわたってオーナーが変遷してきた。そして、1989年には日本のサントリーが35%出資して経営に加わるが、現在では100%出資の小会社、モリソン・ボウモア・ディスティラリーとして操業している。このためボウモアは、サントリーが日本から輸出している「山崎」や「白州」のUKでのディストリビューターとしても機能している。

　かつてのボウモアのテイスティング記事には、石鹸臭いだの、イガラっぽいだの、安物の化粧品香

ボウモアの街のメインストリート。ゆるい坂道を登り切った丘の上では、1767年に建立された珍しい円形デザインのキロロウ教会が街を見守っている。

などという手荒い表現も数多く見られた。が、現在ではそういう評価は極めて少なくなり、アイラ産のウィスキーの中では中間的なピーティレベルであるため、エステル系の華やかなフローラルさ、フルーティさも感じられ、さらにこれらに積層する朽ちて分解途上の海藻の香り（ヨード臭）やしょっぱさとも相まって、好バランスでアイラ産モルトウィスキーの魅力を最も端的に表現したブランドとされている。

こういう絶妙なバランスから、ボウモアをアイラモルトの"入門"に最適などという極めて陳腐で安易な表現をする向きも多々見受けられるが、実に奥行の深い、また懐の広い味わい深いモルトであることをきちんと認識しておくべきだ。

蒸溜の実際

ボウモアが行なっている麦のフロアモルティングは、ラフロイグのそれと並び現在ではアイラのウィスキー造りを象徴する存在に祭り上げられている。しかし、実際は100%自家モルティングしているわけではなく、全必要量の30%に留る。これは多分にコストを意識してのことで、残りの70%はモルトス

ボウモア蒸溜所は、自前でフロアモルティングを行なう数少ない蒸溜所の1つ。

発芽を止める乾燥には、アイラ島から採取したピートを使用。
乾燥室の炉の前には、そのピートが無造作に積まれている。

銅製のドーム型の蓋が装備されたステンレス製のマッシュタン。その側面を木の板で覆い、ディスティラリーツアラーを迎える。

ター（モルト製造の専門業者）からの買い入れだ。そして、採用する大麦も時に応じ種類を変えるなどしているが、オプティック種の大麦が主体である。買い付け先は主にモルトスターの「シンプソンズ」からだが、シンプソンズ製の麦芽からは1トン当たり416リットル、自家製モルト（麦芽）からは408リットルのスピリッツの取得量があるとされている。

　木製風にドレスアップされたステンレス製のマッシュタンは、銅製の蓋が付けられた半濾過式で、濾過槽は銅製である。仕込みの水はラーガン川からの取水であるが、この川の水色は黒く、取り込む時点で既にかなりピーティ。しかし「ラガヴーリン」蒸溜所付近の小川ほど極悪な黒には染まっていない。ウォッシュバックはオレゴンパイン（松）製で6基。ストレートヘッド型のポットスチルはウォッシュスチルが容量30,940リットル、スピリッツスチルが容量14,750リットルの単式釜をそれぞれ2基ずつ装備している。

　こうして蒸溜が終了し、樽詰め（フィリング）された27,000樽にも及ぶニューポットは、波の飛沫が吹き付ける磯端のウェアハウスに貯蔵されるが、ウェアハウスは2棟がダンネージ式熟成であり、1棟がラック式熟成である。ダンネージ式とは横倒しに寝かされ、並べられたカスクの上に角材を渡し、さらにその上に別のカスクを平積みするという古くからの方法で、スペース効率はラック式に遠く及ばない。ラック式とは金属製のフレームを組み上げて高層貯蔵する方法である。

　1999年からは従来のバーボンカスクに加え、シェリー（オロロソ）バレルやクラレット（赤）ワインカスクでのフィニッシュもスタート。現在ではラインナップされる年式や種類も極めて多彩であるが、やはり最も客の人気が集中する（売れ筋）のは『12年』であり、「鮒に始まり、鮒に終わる」という日本の釣りの奥行を評した比喩にも、一服通じるものがありそうである。

オレゴンパイン製のウォッシュバック6槽でウォートの発酵を促進。

真っ直ぐに蒸気が立ち上がり、重厚でパワフルな味わいのニューメイクが得られるとされる、「ストレートヘッド」のポットスチルを採用している。

ダンネージ式のウェアハウス。1999年にボウモアは、従来のバーボン樽に加えてクラレット（赤ワイン）樽やシェリー樽での熟成を開始。写真の樽はその初年度ロットである。ボウモアは他に、ラック式ウェアハウスも備えている。

シングルモルトブームの果てに

　2009年、世界マーケットで見ればシングルモルト全体の売り上げは、この時期には一時的に5%程の下降も見られたが、ボウモアは順調にその営業実績を伸ばした。そして2011年には、数字で言えば実に12%の伸展という営業的な大当たりをみる。が、その裏には、スーパーマーケットでの市場拡大と、2007年から始められた世界中の空港などの免税店での販売戦略を徹底して見直した結果が絡んでいるのである。

　しかし昨今の世界的なシングルモルトブームには、このアイラの名門もしっかりと巻き込まれ、需要に応じた商品供給をするには、原酒不足と、一部の古原酒には枯渇の恐れさえ出始めている。業界の予測を遥かに超えて沸騰するシングルモルト市場の動向は、ボウモアの業績にもダイレクトに反映され、好調（過ぎる）を続ける販売に比例して、保有する古原酒のカスク数の減少に歯止めをかけねばならない状況が出現してしまった。これが近年の名の通った蒸溜所を等しく取り巻く実情である。

　そこで、熟成年数の進んだ古原酒の激減をリデュースさせる手段として企画されたのが、年式非表示のノンエイジボトルを（ほぼ8年に満たない若いカスクの原酒をやり繰りして製品化している）、その商品の存在自体に尤もらしい講釈を付帯させてラインナップ化することであった。そしてそれには、全ての「スコッチ」に共通して付随している"伝統と伝説"が、この手の講釈にはまたとない"殺し文句"の素材であり甘言であった。

　こうして『12年』、『15年』、『18年』といった旧来からのボウモアのイメージを形成してきた年式＝商品名という"直球"ボトルの防波堤の構築には、一応成功した感もある昨今なのではあるが、『No.1』のようなノンエイジボトルから入って、そのままスコッチにハマってしまったような世のドリンカー諸氏が目指すのは"ネクスト・ワン"。その蒸溜所が本来売り物にしてきた本物。つまり希少になりつつある年式を商品名とした本来の直球なのである。論理的に言って、現行の営業方針を続ける限り、原酒の枯渇までは秒読みの段階にあることは、私のような素人の目から見ても明らかである。それにしても、昨今ではこのご本尊である年式表示ボトルの味わいも何やら薄まっているとの話もよく聞くご時世である。が、ボウモア、このアイラの保守本流は、自らの看板を貶める"水っぽさ"にだけは傾いてほしくないものである。

SCOTCH WHISKY
The Truth of NEW ERA
スコッチウィスキー 新時代の真実

ボウモア No.1
BOWMORE No.1

[700ml 40%]

BOTTLE IMPRESSION

　ボウモア蒸溜所は施設全体が波打ち際に立地していて、「ちょっと波が荒いな」程度の荒れ方でも、その建物には直接波も飛沫も打ち付ける。そういう手荒いロケーションではあるが、蒸溜所のアナウンスによれば、この『No.1』ボトルの熟成は、その最も波打ち際に建つ「No.1 Vaults」(1番熟成庫)で行なわれる。カスク(樽)は全数がファーストフィルのバーボンカスクで行なわれ、熟成年数非表示のノンエイジ。これがこの『No.1』というボトルの戸籍であり、ボウモアのラインナップ中最もベーシックなボトルである。『12年』や『18年』といった年式表示ボトルとは、熟成カスクや追加の仕上げ熟成などで差別化されている。

　グラスを透かして見ると酒色は淡いアンバー。鼻を寄せるとスモークが絡んだフルーティさはあるが、押し出しは極めて弱く、「嗅ぎ出し」が必要だ。アロマでは先ず、磯端の干乾びた海藻系のピーティさの後に酸味の勝ったフルーティさがやって来て、まだ若いリンゴ、大ぶりなブドウ様のフレッシュな果実感に、樽由来であろうバニラが積層される。そして甘さもピリピリとした刺激感を伴って幾分か。僅かに加水すれば味わいの部分でヨード系のピーティさ、スモーキー感も薄くなるが、クレゾール感が少々顔を出し、バニラとビター(苦味)が優勢に。フレッシュな果実感は薄まって甘さが主体になり、2口、3口と飲み進めればクリーミーさも出現するが、飲み口の薄さは回復の兆しのないままスパイシーさが残ってフィニッシュに。総じて若い原酒だけに塩っぽさはないが、それでも『年式ボトル』とはニュアンスの異なったスモーキーさはあって、サラッとして淡白な雰囲気。

　ボウモアにしては新しいスタンダードを造ったつもりであろうが、味わいにピーク感がなく平板で底の薄い印象は免れない。ま、アイラのクセ酒へのとっかかりとしては好いのかも知れないが、そう思って納得するしかない1本。やや残念かな!

ボウモアの立ち上げた新エントリーボトル。10年後にも存在しているのか?

ボウモア 12年
BOWMORE 12YEARS

[700ml 40%]

BOTTLE IMPRESSION

『ボウモア』本来の味わいをまっとうに継承する、保守本流の『年式』シリーズ。そのベーシックボトルがこの『12年』であり、同時にこのシリーズを代表する1本でもある。基本的にはバーボンカスクでの熟成だが、仕上げにシェリーカスクに移されて追加熟成じみたされる。そしてまず、結論じみたことを述べておくと、アルコール度数は『No.1』と同じ40%ではあるが、味わいにはピーク感と積層感がきちんと盛り込まれていて、平板感はなく、この点、『No.1』のようにシングルモルトブームに迎合した、ラインナップ拡充用かつ古原酒の枯渇に対処して企画された"変化球"ボトルではないことをまず述べておく。

酒色はシェリー樽由来のダークな琥珀色。グラスからの立ち上がりには、同じアイラのクセ酒『ラフロイグ』の"異臭"イメージとは大きく異なり、初っ端に立ち上がるピーティさはやや希薄。深く吸い込めばレモン様の爽やかさがあり、ハチミツっぽさも被さるが、シェリー樽独特のゴム臭は薄く、後熟の効きが不足している印象。アロマ以降ではピーティさに溶け込んだやや華やかな香りがあって、最初に訪れる煙さはヨード系に流れることはなく、まろやかで適度なピーティ感が口中を支配する。ピート系と他の香りのバランスが程よい印象だ。味わいの甘さはメープルシロップ的な淡白さだが、樽由来のバニラ香にはまったく感があり、ビター、スパイスが続くが、積層感がやや不足か。フィニッシュの感じははっきりとしていてビターが舌に残って長い。

この『12年』にお約束の海藻系のヨードっぽさを求めても、『ラフロイグ』のような突出感はないため、何か大人しい感じがしてしまうが、アイラの酒ではこのピーティさが本来の中位であろうと思って良い。ボウモアを知るための1本は、『No.1』ではなく、間違いなくこちらである。しかし、原酒不足の直接的な影響は、『18年』のようなアッパークラスではなく、この『12年』のような主力クラスに及んでいるような気がしてならない。直接的な比較はできないが、手持ちの、底から8cmばかり奇跡的に残っている2014年購入の『12年』とは、まるで別もののように味わいが薄い気がした。が…、気のせいばかりではないような…。

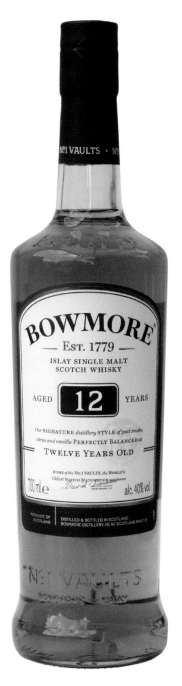

アイラの保守本流、ボウモアの表看板も現在は……

ボウモア 15年 ダーケスト
BOWMORE 15YEARS DARKEST

[700ml 43%]

BOTTLE IMPRESSION

　バーボン樽熟成の12年原酒をさらにシェリー（オロロソ）樽で3年追加熟成し、合計15年としたボトル。言い換えれば『12年』ベースの変化球ボトルである。

　酒色はDarkestという名前の通り、赤味がかったかなり暗い褐色。一目でシェリー樽を想起させる色合いだ。立ち上がりにはアルコールの揮発感はあるが刺激はほぼ感じられず、口に含む（アロマ以降）と、メロー（芳醇）感たっぷりなバニラ、焦げた砂糖、レーズンにダークチョコレート様のコクが乗ってドライフルーツ的な分厚く甘い香りが広がり、シェリー樽熟成という素性を感じさせる。そして、多少の加水でシェリー樽熟成特有のゴム臭が立ち上がってくる。この芳醇さの裏にはタール感を含んだ石炭的なピーティ感と、ピリピリ感の少ないスパイシーさがあって、味わいのピークを過ぎると浮き上がる。フィニッシュにはこのピーティさとスパイシーさがそのまま居座り、木質感のあるハチミツとゴム臭を含んだビターが尾を引いて長い。

　ま、追加熟成という小技を効かせた変化球ボトルではあるが、元々がしっかりと12年熟成されており、1999年登場の古参兵ということもあって、これはこれでボウモアのレギュラーとしての存在感を備える看板の1本だ。芳醇な甘さと華やかな香りに、"とって付けた"感はなく、基本的なベクトルは『12年』のままで、その個性の突出する部分をリデュースした印象である。

『12年』に追加された、シェリーカスクの後熟。

ボウモア 18年
BOWMORE 18YEARS

[700ml 43%]

BOTTLE IMPRESSION

2007年にそれまでの『17年』の後継として登場した、ボウモアのレギュラーボトルとしては最長期熟成ボトル。ボウモアにはこのレギュラーの『18年』の他にも、同じ18年表記で『ディープ＆コンプレックス』という、オロロソとペドロヒメネスの2種類のシェリー樽で熟成した"旅行者"専用のボトルがあるが、今回の試飲はそのレギュラーボトルの方である。

酒色はディープアンバー。『ダーケスト』より色目は薄いがシェリー感は充分。立ち上がりから濃密なアルコールの揮発感と共に、シトラス（柑橘）系果実をトロ火で煮詰めているようなまったり感があり、重厚な木質感と柔らかなスモーキーさ（ピーティとはニュアンスが違う）が同居。多少加水すると18年ものとは思えぬ揮発感と、ゴム臭く、かつ苦っぽいピーティさが現れる。

（ごく僅かな加水状態の）アロマ以降では駄モノの香水、程好い甘さのプラムやブドウ様のフルーティさにコッテリとバニラ。そしてスモーキーさが絡み、僅かにスパイシーさも顔を出す。ピートはどこへ行ったのか僅少。フィニッシュには素材不明のマーマレード、何かの花。そしてようやく苦っぽいピートがしっかりと現れ、舌奥に乗ったビターとスパイシーが長い。

ま、一言で上品。『ダーケスト』のような演出された甘さもなく、「自然にこうなった！」的雰囲気が高級感を醸し出す高バランスの1本。長期熟成原酒枯渇が云々される昨今では、貴重なボトルとなる予感もある。

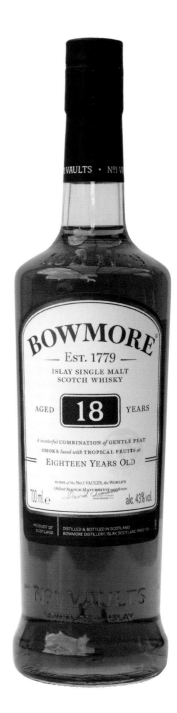

レギュラーボトル中、最長期熟成の上品な一本。貴重だ！

BRUICHLADDICH

ブルックラディ

蒸溜所の壁面には、ひと目で同蒸溜所だと認識させられる、
鮮やかなミントブルーのタイポグラフィが表されている。

PROGRESSIVE HEBRIDEAN

DISTILLERS

BRUICHLADDICH

SINCE 1881

その先見性と磨かれた個性

　ブルックラディの蒸溜所は島の北部寄り、イン
ダール湾の東岸にあり、湾を挟んだ向こう岸はボ
ウモアの街。荒磯ではなく、なだらかな海岸線から
は牧草地と道路を挟んだ200メートルばかり内陸
部に建つ。敷地は他の蒸溜所から比べると平面
的で広大。白亜のシャトー風な佇まいである。

　創業は1881年。そして1994年には閉鎖の憂
き目にあったのだが、2001年に閉鎖を惜しむ新し
いオーナーグループの手によって復活を果たした。
その内の一人が、かつてボウモアを3度、ディスティ
ラリー・オブ・ザ・イヤーに導いた辣腕蒸溜マン、ジ

ム・マッキュワンである。それまで閉鎖されていた旧
ブルックラディ蒸溜所を、ジム・マッキュワンのグルー
プが再建させた時から、その手法は際立ってユ
ニークかつ斬新なものであった。

　旧来のスコットランドの蒸溜所の固執する旧態
依然なスタイル、即ち、蒸溜所名をそのままブラ
ンド名とし、ボトルにはその製造年を『12年』だの
『16年』だのと表示して、その数字をそのまま商
品名とするだけ。ヴァリエーションは年式の異なる
ボトルによる（価格上の）クラス分けと、異なる熟成
樽による個性と味わいの差別化はあるにせよ、基

生産量の少なさを逆手に取り、効率重視の大型蒸溜所とは異なるアプローチで、オーガニックやスコティッシュバーレイなどの付加価値のあるボトルを生産するブルックラディ。

本的な方向性はその蒸溜所固有の同一ベクトルのままという、保守性を前面に打ち出した経営スタイルを一新してみせたのである。

まずウィスキー造りのコンセプトとブランド名を多角化して、商品展開に幅を持たせる。そして最初からその年式に捉われないボトル展開を試みたのである。つまり、そのウィスキーの企画されたコンセプトに応じた熟成年のカスク（樽）が決められていったのである。そしてそのパッケージング。旧来のシングルモルトのそれはボトルのラベル一つとってみても地味。と、いうよりもまるで理科学実験室

にある薬液の分類ラベル並みの味気無さであり、ブレンデッドの華やかな商品性を高めるデザインとは真逆のものであった。ジム・マッキュワンはまずここから手を付けた。結果、ブルックラディのボトルはウィスキーのどの売場でも目立つ存在となったのである。現在のシングルモルトシーンの中では、このデザイン的に成功したボトルが目立つようになってはきたが、これはひとえにブルックラディが先駆けとなったものである。

これらのジム・マッキュワンの採用した手法の数々は、旧来の蒸溜所の、伝統に執着した旧態

創業当時から使い続ける鋳鉄製のマッシュタン。蓋が無いため中を覗き込めば、ベベルギアによって稼働する曲線で構成された撹拌用の熊手を確認することができる。

年季の入った巨大な木製ウォッシュバック。新旧含め、合計で6基のウォッシュバックが稼働している。

依然、言い換えれば「継続する惰性」が、スコッチの場合それがそのまま商品の金看板になっていたという事情はあるにせよ、昨今、急浮上してしまったシングルモルトの一大ブームという状況下での熟成年の進んだ原酒の枯渇、特に12年以上に熟成の進んだ古酒の備蓄減少に伴う年式表示ボトルの商品展開が思うに任せないという、昨今のスコッチ事情に鑑みれば、先見の明があったと評するしかないのである。

蒸溜所

　古くからの蒸溜設備をそのまま駆使するマッキュワンの手法は、1881年当時から使い続ける蓋のない鋳鉄製のマッシュタン、6基のオレゴンパイン製のウォッシュバック、そして2基ずつのポットスチルで展開される。

　ウォッシュスチルは1881年当時に導入された、ローゼス（本土、スペイサイド地方）のフォーサイズ社製のものをメンテナンスしつつ継続使用しており、容量は17,300リットル。そしてスピリッツスチルは1971年に更新された容量12,274リットルの単式釜という構成だ。そしてこれらとは別に、アイラ島に自生する香草類の植物のみを原料としたドライジンを蒸溜するための"アグリー・ベティ（醜いベティ）"というニックネームの付けられたローモンド型のポットスチルも使用されている。これは元々、ハイラムウォーカー傘下のインバーリーヴン蒸溜所でウィスキー蒸溜用として1955年から使用されていたもので、1985年より休眠していたこのスチルを、同蒸溜所が取り壊される直前の2004年、ブルックラディが引き取ったのである。ローモンド型は通常のスチルと異なり、発生する気化したアルコールの還流率を調節する穴あきプレートを3段に内蔵する円筒が特徴で、ウィスキー用に使用した場合はライトかつオイリーな仕上がりが得られるという。ちなみにスキャパ蒸溜所では現在なお、このローモンドスチルが稼働している。話は前後するが、通常の2

ウィスキー蒸溜用の2ペアのポットスチルの他、ジンの蒸溜に使用するローモンド型の連続式ポットスチルが稼働。

昔ながらの3段積みダンネージ式ウェアハウス。他、10段積みラック式ウェアハウスも備える。

組のポットスチルはストレートヘッド型で、ネック部分の長大なビクトリアンスタイルと呼ばれるものだ。この細いロングネックポットスチルの精製効率は高く、アルコール以外の成分が抜けやすいためドライで雑味の抜けたクリーンなニューポットを生み出す元とされている。ただし、この雑味こそが大切なんだと力説する一派もまた存在していて話はややこしい。

「ハーベイ・ホール」というボトリング施設を自社で構え、ボトリング、ラベリングまでがラインに乗って自動で行なわれる。

ボトル展開

　ブルックラディ蒸溜所が現在展開するのは、旧来の主力である『ブルックラディ』をそのまま踏襲するノン・ピートの『〜ラディ』と名がつくシリーズ。そしてピーティさがフィーチャーされたブランドが2種。『ポートシャーロット』と『オクトモア』だ。このうち『オクトモア』は、『〜ラディ』シリーズとは真逆の超ヘビーピートを売りにし、業界最強の80ppmをセールスポイントとしている。

　そして中庸なピーティ＆スモーキーさを特徴とする『ポートシャーロット』は、ブルックラディ蒸溜所の施設から6kmばかり南に進んだ、ポートシャーロットの村の古い蒸溜所跡に建てた熟成貯蔵庫とボトリング施設で熟成とボトリングがされている。中庸とは言っても、そのフェノール値は40ppmもあって「アイラの酒」というDNAはきっちりと盛り込まれている。

「テロワール」への拘り

　いずれのシリーズも近年、ブルックラディ蒸溜所がスローガンとしている「テロワール」という言葉がキーワードとなっている。

　「テロワール」とは、元々その土地の土壌や地勢、気候、人的な要因まで含めた環境を指す言葉として、フランスのワイン産地で言い始められた造語である。ブルックラディはこれをウィスキー造りにおける「全ての環境・要因」と捉え、大麦の栽培から蒸溜、熟成、そしてボトリングまでの一切合切を一貫してアイラ島で完結させようというポリシーを自社のウィスキー造りに据えているのだ。

　しかし、昔から大麦の栽培にアイラ島は不適とされていて、大麦を栽培する農家は蒸溜所が再建された当時は皆無であった。しかし、ジム・マッキュワンの「テロワール」に対する拘りは強く、島内の農場数軒に大麦の栽培を依頼して全量買い取りを契約。現在では大麦の古い品種や、オーガニック栽培にも手を染め、環境全般に拘ったウィスキー造りを進めている。

　そして、蒸溜所は2012年、「レミー・コアントロー」社に買収され今日に至っているが、ブルックラディの熟成年数の数字に左右されないウィスキー造りと商品展開は、昨今の古原酒不足、枯渇にもフレキシブルに対応可能であり、伝統に立脚するスコッチの新たな指針ともなっていると結論付けておく。

SCOTCH WHISKY
The Truth of NEW ERA
スコッチウィスキー 新時代の真実

ブルックラディ ザ・クラシック・ラディ
BRUICHLADDICH
THE CLASSIC LADDIE

[700ml 50%]

BOTTLE IMPRESSION

　ノンピートの『ブルックラディ』ブランドには、現在（流通在庫を含めて）入手可能なボトルは8種あるとされているが、これはそのシリーズで最もベーシックなスタンダードクラス。ノンエイジ（年式非表示）ではあるがアルコール度数は50%という本格的な1本である。

　極めて印象的な"ミントブルー"のボトルは、数あるスコッチの中でもボトルデザインのユニークさにおいては群を抜く。しかし、デザイン的な印象とノンピートという点からソフトでファンシーな味わいを予期して飲み始めると、想像とはかけ離れた力強さを内包していて、アイラの酒の力強さ、したたかさをダイレクトに味わうこととなる。

　ボトル名にある"スコティッシュ・バーレイ"とは、このボトルの原酒の蒸溜にはスコットランド産の大麦が使用されていることを指し、2004年以降収穫の始まったアイラ島産の大麦は使用されていない。が、スコットランド本土産の麦を使用して"スコッチ"としての矜持はしっかりと保っている。

　グラスを透した酒色は淡黄色で俗にいうシャンパンゴールド。見た目に淡い印象ではあるが、強靭さを秘めた味わいは奇をてらったものではなく、正攻法。まっとうにアイラのDNAを主張する。グラスからの立ち上がりには、ノンエイジでアルコール分50%が謳われているにしてはかなりソフトで、突出するアルコール感はない。麦の香とハチミツが合わさった感が主体だ。次にアロマではアルコールの押し出しと刺激に裏打ちされた重厚なライ麦パン様の穀物感があり、オレンジ主体の柑橘系の酸味が入り混じるが、この段階では押し出してはこない。が、味わいとなると一転して苦味の勝ったフルーティ感が突出する。オレンジやグレープフルーツの皮様のビター（苦味）とリンゴやブドウの酸味と甘みが、味わい全体のベースとなっている穀物（麦）系のコクの上層に突出してきて、ピリピリとしたスパイシーさ、微かな塩っぽさも顔を出すが、すぐに強いビターとピリピリ感に埋没する。フィニッシュでは揮発感が鼻に抜け、アロマから持続している強いビターにピリピリしたスパイシーさが最後まで途切れず、何やらクレゾールっぽさまで顔を出す長さは中庸。総じてフレッシュではあるが熟成不足感はなく、思いの他、リッチで小気味よいパンチの利いたフローラル感を満喫できる。そしてノンエイジボトルに有り勝ちな平板な味わいに流れてはいない。これは多分に、50%という、通常のスタンダードボトルより1ランク上のアルコール度数が大きくモノを言っているとみて良い。ノンエイジボトルのイメージを払拭するだけの個性を確立している1本である。

ノンエイジボトルのイメージを払拭する、トラディショナルなストロングさ！

ピーティ
PEATY
ピート / 薬品 / 樹脂

シリアル
CEREAL
マッシュ / モルト / 焦げた匂い

パンジェント
PUNGENT
つんと来る / 熱い / ちくちく

アルデヒディック
ALDEHYDIC
刈られた草 / バニラ / グリセリン

ビター
BITTER
苦い / 塩 / 土臭い

スイート
SWEET
蜂蜜 / バニラ / グリセリン

オイル
OIL
ナッツ / バター / 脂肪

ウッディー
WOODY
新木の香り / フルーツ

ブルックラディ アイラ・バーレイ 2011

BRUICHLADDICH ISLAY BARLEY 2011

[700ml 50%]

BOTTLE IMPRESSION

　使用するモルト（麦芽）の100%が2010年収穫のアイラ島産の大麦「オックスブリッジ」、と「パブリカン」の2種で、大麦を生産したアイラ島中部と西部の6つの農場名がボトルに記されている。原料から蒸溜、熟成、ボトリングまでの全ての工程をアイラ島で完結させるという、ジム・マッキュワンの理念「テロワール」が具現化された1本だ。熟成樽はファーストフィルのバーボン樽が主体で、他に数種のワイン樽を使用し、それらの原酒をブレンドした後、さらに半年ほど後熟させている。ノン・エイジだが一応、原酒は6年熟成とアナウンスされている。

　酒色は淡いゴールド。グラスの縁に鼻を寄せれば、若い熟成年故のアルコールの揮発感がやや鼻を刺激し、シトラス（柑橘）系のフレッシュなフルーティさが立ち上がる。アロマ以降では、ノンピートとはいえ微妙に煙さはあるし、塩っぽさも微かに。次にピリピリとした辛味の胡椒と生姜様のスパイシーさにバニラ（樽香）とコクのある麦の香が入り混じる。麦芽由来の微かな甘味にクリーミーさは感じるが、すぐにバニラに取って代わる。そしてビター（苦味）が支配的なダークチョコレートが浮き上がって甘さには流れない。味わいの中ほど以降ではメロンやパイナップル様のトロピカル系のフルーティさも一瞬顔を出すが、すぐに味わい全体が尖ってしまって若さを感じさせる。フィニッシュはバニラにビターとピリピリとしたスパイシーさが強く乗ってアルコール感が押し出す。

　若い原酒故のやや荒っぽさのある刺激感が支配的ではあるが、50%というアルコール度数が積層感に厚みと、味わいにピーク感を与えているため平板には陥らず、力強さ、パワー、押し出しが特徴として前面に出ている1本と見た。ま、その価格はネックとなろうが、オールアイラということに意義を感じたい1本ではある。

ピーティ
PEATY
ピート / 薬品 / 樹脂

パンジェント
PUNGENT
つんと来る / 熱い /
ちくちく

シリアル
CEREAL
マッシュ / モルト /
焦げた匂い

ビター
BITTER
苦い / 塩 /
土臭い

アルデヒディック
ALDEHYDIC
刈られた草 /
バニラ / グリセリン

オイル
OIL
ナッツ / バター / 脂肪

スイート
SWEET
蜂蜜 / バニラ / グリセリン

ウッディー
WOODY
新木の香り / フルーツ

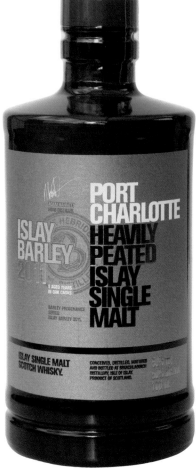

ポートシャーロット アイラ・バーレイ 2011

PORT CHARLOTTE
ISLAY BARLEY 2011

[700ml 50%]

BOTTLE IMPRESSION

　ノンピートの『ブルックラディ』シリーズとは別建ての、フェノール値を40ppmに設定された『ポートシャーロット』ブランドの1本。アイラ島産の大麦「オックスブリッジ」と「パブリカン」種100%が使用された2011年蒸溜のシングルモルトだ。熟成はファーストフィルのバーボン樽が主体で他に数種のワイン樽を使用。それらの原酒をブレンドした後、ボトリング前に半年ほど後熟を実施するのは、この蒸溜所の常套的手法だ。ノンエイジではあるが、6年原酒と記載。『ブルックラディ』ブランドの『アイラ・バーレイ2011』と全く同一の手法でプロデュースされた『ポートシャーロット』版である。が、大麦が収穫された農場名の記載まではされていない。

　酒色は淡いシャンパンゴールド。アルコールの揮発感と共に立ち上がるピート香には、40ppmという数字ほどの押し出しは感じられない。それは透明感のあるサラサラとしたピーティさであり、アイラ島産シングルモルトの代名詞ともなっているヨード系に傾いたスモーキーさとはちょっとニュアンスの異なる煙さを持つ。これは多分に焚き込まれるピートがアイラ産のピートではなく、スコットランド本土産のピートを使用しているためであり、今更ながらアイラ産ピートのもつ海藻のクセの強さが実感される部分でもある。『アードベッグ』や『ラフロイグ』の、正露丸だのクレゾールだのと評される二癖も三癖も捻じ曲がったピーティさとは異質のもので、雑味の少ない純粋さが感じられる独特なものだ。

　ま、それだけにこの酒のピーティさには、"取って付けた"感はあるものの、40ppmというフェノール値でフルーティさを包み込んだ優しいピート感ではあり、ジム・マッキュワンの標榜する「エレガントなピーテッド・モルトを目指す！」というコンセプトは実現されている。そのフルーティ感はレモンの皮様のシトラス系。よくよく嗅ぎ出せばコーンフレークのような穀物感も若干混じる。

　アロマ以降の香りと味わいには、土を焼いたような香りに、白ワイン様の酸っぱさが被さり、バニラの甘さにカスタードクリーム様の滑らかな甘さ、ココナッツ風味が積層され、これが味わいのピークとなる。が、複雑に変化するわけではなくそのままフィニッシュに向かう。この時、舌に残るのは程好いスモーキーさに包まれたカラメル的な甘いビターであり、微かな塩っぱさを含んで長い。

アイラ産大麦＋本土産ピートが醸成したエレガントピーティー。

ポートシャーロット 10年

PORT CHARLOTTE
10YEARS

[700ml 50%]

BOTTLE IMPRESSION

この『ポートシャーロット10年』は以前ラインナップされて
いた『スコティッシュ・バーレイ』に代わるボトルで、アイラ島
産の大麦には特に拘ってはいない。このシリーズのボトルは
どれもフェノール値が40ppmに設定されているが、麦芽の乾
燥に使用するピートはヨード成分を多く含み、クセと臭いの
強いアイラ島産ではなく、スコットランド本土、ケイネス産の
ピートを使用している。

　酒色ははっきりとしたゴールド。グラスの縁に鼻を密着させ
て嗅ぎ出すと、『アイラ・バーレイ』と同じピートを使用し、同じ
40ppmという設定ながら、こちらの方には潮っぽさに絡んだ
苔様の香りが含まれていて土っぽく、口に含むと雑味が多い
印象で、"アイラの酒"というイメージにはより近い雰囲気だ。
しかし、それでもなお、典型的な"アイラ風"とは言い難く、調教
が行き届いて節度感ある煙さだ。アルコールの押し出しは10
年という年数がモノを言って滑らかで揮発感も大人しい。

　アロマ以降では立ち上がりのシトラス系に代わってカラメ
ル、バニラに、生姜様のスパイシーさが支配的で、味わいの中
核にはハチミツ、カスタードクリーム様の滑らかな甘さがバ
ニラに被さる。そしてこの時の薄っすらとした酸味は白ワイン
様かな？　そしてこれにコーンフレーク様のクリスピーな穀
物感も積層される。フィニッシュはピーティさをベースにジン
ジャーベースのチップスに辛味と苦味が乗って長い。

　ヘビリー・ピーテッドを謳いつつも、ヨード系には流れず、
この蒸溜所の明確なコンセプトが反映されたシリーズの1本
ではあるが、『アイラ・バーレイ』と比べると味わいや中盤の厚
みと華やかさにかなり分があり、10年という年数以上に重厚
さを味わえる1本である。

CAOL ILA

カリラ

ディアジオグループの一大看板とも言えるブレンデッド、
「ジョニーウォーカー」のキーモルト生産という大役を担う
カリラ蒸溜所。その生産能力はアイラ島トップを誇る。

カリラ、アイラの異端的カリスマの現在は…

伝統死守

　アイラ産のシングルモルトは、どれもみな個性の塊のような存在感で名を馳せている。が、重量感のある、ヘビーピートの押し出しが極めて強い「アードベッグ」に対し、同じヘビーピートながら硬質で切れ味の鋭いピーティさで両極を成しているのがこの「カリラ」である。

　Caol Ila（カリラ）のカオルはゲール語で「海峡」を意味し、同じくイーラは「アイラ島」を意味する。つまり「アイラ海峡」ということになる。

　蒸溜所は「ブナハーブン蒸溜所」と同様、ジュラ島を目の前にしたアイラ海峡に面しており、アイラの蒸溜所の中でこの2軒だけは島の中心地ボウモアからは最も遠い。急流で有名な海峡の向こう側（1kmない）にはジュラ島のパップス（乳房）山が目前に迫っており、全面ガラス張りの蒸溜室に設置された6基のストレートヘッドのポットスチル越し

アイラ海峡を挟み向かいにジュラ島を臨む、カリラ蒸溜所の蒸溜棟。壁面いっぱいに張られたガラスの内側には、3ペアの巨大なポットスチルの姿が見える。

の光景は、スコットランドの全蒸溜所の中でも白眉である。

　昨今のウィスキーブームに端を発する10〜12年オーバークラスの原酒不足から、どの蒸溜所も熟成年数非表示の低品質かつ高額なボトルを乱発。テイストも評価も軒並み急降下する中、この「カリラ」の踏ん張りは何か酒飲み、コアなウィスキーファンには心温まるものがある。

　「カリラ」のラインナップ中、年数非表示版は

『モッホ』と『ディスティラーズ・エディション』の2本だけであり、大看板の『12年』から『18年』、ノンピートの『15年』、『17年』と派手さはないが伝統にこだわったテイストのボトルを"当たり前"のようにラインナップし続けてきた骨太の営業姿勢は、現在のウィスキーシーンの中では貴重でさえある。

　しかし現在の所、日本のMHD社公式HPに掲載されるラインナップは『12年』のみ。これが以前のように戻るかは定かではない…。

ツアー客もウェルカムという蒸溜所ながら、施設内の撮影は基本的にNG。従って内部の写真を撮る場合は、立ち入り可能なエリアから外観のガラス越しに狙うしかない。

アイラ島No.1の生産力

創業は1846年。ヘクター・ヘンダーソンによる設立も、他のスコットランドの蒸溜所と同様、かなりの紆余曲折があり、現在のオーナーはMHD（モエ・ヘネシー・ディアジオ）社となっている。

1972年と1974年には大枚100万ポンドを投じて施設と建物に一大リノベーションを敢行。現在の生産力の礎を固めている。しかし、現在の年産650万リットルという極めて高い生産性の直接の要因は、2011年に5ヵ月間を休業してアップグレードした施設によるところが大きい。

全濾過式の容量13.5トンというマッシュタン、以前からの木製のウォッシュバック8曹に追加したステンレス製のウォッシュバック2曹を使用し、一週あたり26回のマッシングで年間49週稼働させるという生産サイクルである。発酵時間はピーテッドで60時間、ノンピートで80時間。なお、仕込み水はナムバン湖から取水している。

アイラ島の他の蒸溜所のほとんどと同様、風光明媚な海岸沿いに立地。

アイラ海峡の向こうに見える、ジュラ島のパップス（乳房）山。

カリラ 18年 アンピーテッドスタイル
CAOL ILA 18YEARS UNPEATED STYLE

[700ml 59.8%]

BOTTLE IMPRESSION

　私はこれまで、「カリラ」は『12年』と『18年』を計10本以上は飲んでいるが、ノンピートとなるとこれが不覚にも初めての経験である。理由は単に私の偏見と無理解によるもので、「カリラ」のノンピートと言われても「何の冗談だ！」という意識が先行してしまって……。ま、私にとって「カリラ」は硬質で崇高なまでにキレ味の良いヘビーピート具合をもって、「アードベッグ」とはまた別のカリスマ性を有するアイラ産モルトの一方の雄という存在であったから、「カリラ」はピーテッドの一択というのが私的には常識であった。だから、さほどの期待を持たずにボトルの封を切った。

　正直に言うと、私の理解の埒外の旨さに、ボトル1/3ほどまでは何のテイスト分析も想像も推理もせず飲み進めてしまった。

　で、改めてタンブラーの中の青味がかったゴールドの液体に鼻を寄せれば、18年とは思えぬ意外なほどの揮発感。そしてノンピートとはいえ、どこそこに（ナムバン湖の仕込み水由来の）スモーキーさも内包している印象。次に松の樹皮と種類不明なハーブ感とコショーが顔を覗かせる。アロマ以降でもスモーキーさは感じられ、口中に広がるアルコールのピリピリとした辛味が"まったり"感を制して濃密なチョコレート風味のトッフィと、樽香のバニラのコクが熟成感を押し出す。

　味わいの中核にはピリピリ感に黒コショー様のスパイシーさが乗って、桃とハチミツ様の酸味と甘さが同居。そしてこの辺りで内包されている僅かなスモーキーさがリンゴの花風のフローラル感に絡まって果実感も湧き上がる。フィニッシュは燻の効いたベーコン程度のスモーキーさにリンゴ様のフルーティさ。そして強めのビターが現れ長い大団円となる。

　熟成はバーボン樽のみの使用らしいが、ピーテッドモルトの使用なしでもこれだけ味わい深いテイストを実現できるという事実が、ノンピートボトルも長年「カリラ」が自社の2本立て看板の一方に据えていたことが理解できる1本であり、ただただ自分の不明さを恥じる結果となった1本であった。できることならもう1本…。

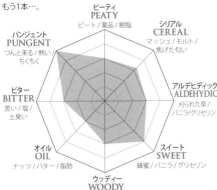

（レーダーチャート）

ピーティ PEATY
ピート / 薬品 / 樹脂

シリアル CEREAL
マッシュ / モルト / 焦げた匂い

パンジェント PUNGENT
つんと来る / 熱い / ちくちく

アルデヒディック ALDEHYDIC
刈られた草 / バニラ / グリセリン

ビター BITTER
苦い / 塩 / 土臭い

スイート SWEET
蜂蜜 / バニラ / グリセリン

オイル OIL
ナッツ / バター / 脂肪

ウッディー WOODY
新木の香り / フルーツ

CAOL ILA
ISLAY SINGLE MALT SCOTCH WHISKY

AGED **18** YEARS
"Unpeated Style"

NATURAL CASK STRENGTH

This annual limited release 18 year old is the oldest unpeated CAOL ILA ever bottled and was matured in refill American Oak casks. It has a dry nose and finish as the pale sky that follows clearing rain, with a briny-sweet scent and an appetising oily edge. Crisp, smooth tints of fruit with a milk-cranberry sweetness dance boldly across the tongue like flicks of pure raw wind-lashed waves.

BOTTLED IN 2017
Caol Ila Distillery, Port Askaig, Isle of Islay

カリラ 18年
CAOL ILA 18YEARS

[700ml 43%]

BOTTLE IMPRESSION

　アンバーカラーのボトルではあるが酒色はゴールド。立ち上がりの揮発感は同じ『18年』でも、アンピーテッドと較べるとあるか無きかというレベルで、まずは熟成感がこの部分で感じられ、バニラっぽいピート香が焚火の煙のようでもあり、パサついた感じは何かのワックスを溶かしたようでもある。そしてアルコールの押し出し感は43％と、アンピーテッドの60％近い数値とはかけ離れているだけにどうしてもマイルドに感じられるが、これはテイスティングの順番によるものであろう。

　アロマ以降では中程度な軽いボディで、充分にモルティであり、ハーブとミックス野菜のようなテイストもあって、洗練されたヌガーやトッフィ様の甘さに裏打ちされた草いきれも鼻に抜ける。テイストの中盤ではスモーキーさと、多分、樽由来であろうオイリーさが目立ってはいるが、程好くまとめられている。

　フィニッシュはマイルドなピーティ感の煙にヌガー（かソフトキャラメル）の甘さにハーブの香り、ブリニー（潮っけ）さも乗って長い。

　「カリラ」では大看板の『12年』と同一ベクトル上のバーボン樽熟成のアッパーボトルではあるが、飲み口のキレは『12年』に軍配が上がる。しかし、ピーティさの暴走なしに熟成感がフィーチャーされて素晴らしく上品、かつ高品位にバランスが整えられた1本。原酒不足が叫ばれる現在のウィスキーシーンでは、アイラモルトの1つの到達点でもある1本と言いきっておく。

ベストバランス！ アイラモルトの到達点。

TALISKER

タリスカー

インナー・ヘブリディーズ諸島最北の島、スカイ島。ゲール語で「翼」を意味するこの島最大の特徴は壮大な大自然だが、我らドリンカーの目は真っ先にタリスカーに向けられる。

©VisitBritain/ Joe Cornish

海が育んだ酒、「タリスカー」の検証

王道の1本、『10年』

1989年、アルコール度数45.8%という何とも半端な数値を持つシングルモルトが発売された。発売元はスカイ島で1830年に創業された『タリスカー』蒸溜所。アイランズ系の蒸溜所である。そのオフィシャルボトルがそれで、熟成年数は10年。10年という年数はスコッチの世界では典型的なスタンダードボトルのクラスであり、まず間違っても高級（高価）ボトルの範疇には入らない1本である。

が、しかし、この『10年』はその飛び抜けた個性で、瞬く間にウィスキーファンの注目するところとなり、「プレミアムクラスのスタンダード」として絶大な人気を持つに至った。スモーキーさと混然一体になった強烈なスパイシーさ。個性の塊であり、潮っぽさは孤高と言ってもよい独特の存在感を示していたのだ。

吹き付ける潮風と波と、この島特有のミスト（かなり重い霧）がウェアハウスに侵入して停滞し、寝かされた熟成樽を包んで浸透する。これが「どのアイランズ系とも異なる個性を磨く！」という広告のフレーズ、つまりはウィスキーロマンとなり、『10年』はタリスカーの代名詞ともいうべき1本に成長。そして今日に至っている。

このタリスカー蒸溜所が2013年になって、新たに『ストーム』という名のノン・エイジボトルをリリースした。この時、『10年』をフェイバリット・ボトルとしている私は、ノン・エイジということに漠然とし

た違和感を憶えたのだが、その後何年もが経過した後のこの2年ばかり。もしや昨今のウィスキーブームで囁かれ始めた、スコッチ界にも押し寄せている"原酒不足"にタリスカーも巻き込まれているのでは? との確信に近い思いを持つに至っていた。

スカイ島とタリスカー

タリスカーの創業は1830年。場所はスカイ島。ハーポート湾に面したカーボスト。マカスキル兄弟がこの蒸溜所を開設した当時、スカイ島にはライセンス(認可)を受けた蒸溜所7軒と、数十の"もぐり"の無許可蒸溜所が存在していたが、タリスカー以外は次々と閉鎖され、この蒸溜所が島内唯一の蒸溜所となる。

そして、「宝島」や「ジキル博士とハイド氏」などで知られる文豪・スチーブンソンが「酒の王者」とまでに激賞し、名声を博するが、1960年には火災によってオリジナルの蒸溜施設の蒸溜塔は焼失してしまう。しかし、蒸溜所の実情はこれ以前から経営的には安定せず、1898年には他社に合併され、「タリスカー蒸溜酒製造業」として再設立されていた。そしてその後も紆余曲折、1925年にはディスティラリーズ・カンパニーに買収され、1986年にはギネス(後のディアジオ社)、そして現在はMHD(モエ・ヘネシー・ディアジオ)傘下にある。

スカイ島で唯一生き残った蒸溜所、タリスカー。汽水湖であるハーポート湖の畔に建つ蒸溜所は、ビジターセンターの門戸を大きく開けてツアー客を出迎えてくれる。

クランクの如く取り回されたポットスチルの
ラインアームには、ピューリファイアーの細
いパイプが接続されている。

奥に見えるバルジ型ウォッシュスチル2基と手前にあるストレートヘッドの
スピリッツスチル3基という、変則的な構成で蒸溜を行なう。

施設

　現在の蒸溜施設は1960年の火災の後に建て
られたものだが、1896年〜1928年まで行なわれ
ていた3回蒸溜の面影を残してウォッシュスチル
（初溜器）2基、スピリッツスチル（再溜器）3基と
いう変則的な構成となっている。このポットスチル
を説明しておくと、バルジ（玉ネギ）型のウォッシュ
スチルのラインアームは独特の形状で、上に伸
びたアームが水平になり、水平からさらに下に90
度曲げられていて、この先に「ピューリファイアー」
（精溜器）のパイプが接続されている。そして
これがタリスカー特有の「コショー」のようなピリ
ピリとした辛味のある風味を生み出す要因とさ
れているのだが、アルコール蒸気を液化する装
置も現在では珍しいパイプが螺旋状に巻かれた

「ワームタブ」が使用されている。これは1998年
に更新導入されたもので5基が新たに導入され
た。

　マッシュタンもワームタブと同時期の1998年に
ステンレス製と銅製に更新されており、ウォッシュ
バックは木製だが、大半の蒸溜所が採用するオ
レゴンパイン材ではなく、ブラジル産パラニア・パイ
ン（松）製の容量5万5,000リットルという超大型を
6槽装備している。

　こうして蒸溜されるスピリッツの量は、2011年
の260万リットルから現在は330万リットルに増え
てはいるが、昨今のシングルモルトブームに加
えて、ブレンデッドきっての名門『ジョニーウォー
カー』の基幹モルトともなっているため、その保有
する原酒が「いつまで持つのか？」という危機的
疑問も晴れないままなのである。

木製ウォッシュバックの素材は一般的なオレゴンパイン材ではなく、ブラジル産の
パラニアパイン材を採用。その容量は55,000リットルで、これを6槽備えている。

個性を表す「スパイシー」という文言が常に付いて回るタリスカー。しかし、炭酸で
割った挙げ句に黒胡椒を散らすといった飲み方を販売元自らが推奨するとは…。
まずはそのまま、1本空けてみてください。

タリスカー ストーム
TALISKER STORM

[700ml 45.8%]

BOTTLE IMPRESSION

　2013年に発売されたノン・エイジボトルだが、アルコール度数は1989年に発売された銘酒『10年』ときっちり同じ45.8％に設定されている。熟成樽はアメリカンオーク樽（つまり、バーボンの中古樽）だが、その樽をリビルドする時の、樽内壁のチャーリング（焼き焦がし）は「トーステッド」と呼ばれる最も焦がし程度を低く抑えたものだという。

　酒色はイエローゴールド。まず、アルコールの弱い揮発感があり、ピーティさと共に松の樹皮の燃えたような煙さを感じるが、未だこの時点ではしずしずとして、そこ儚い。そしてフルーティな感じは柑橘系の皮様で、立ち上がりには若い原酒特有のアルコールの暴走は感じられず、うまく調教（ブレンド）が行き届いた感じ。アロマ以降になると、潮っぽさと白コショーの刺激が広がって、甘さにはオレンジの皮様のビターが乗るが、これらの全ての香りと味わいの根底には、単なるピーティ感ではなく、薪の燃やし初めのようなあまり馴染みのない煙さとピート感が横たわる。この時の白コショーのスパイシーさ、刺激感のピリピリする感じは一気に立ち上るのではなく、ジリジリと尾を引きながらやって来て、バナナ様の甘さが浮き上がってピークとなる。フィニッシュはフルーティ（柑橘系）な酸味と甘さに乗ったビター。そしてレッド・チリ様のスパイシーさが長く、最後の最後で薪の煙が鼻に抜ける。

　ま、『10年』に似せてはいるが全体に平板で盛り上がり感に乏しく単調に感じてしまうのは、どうしても『10年』のイメージが先行してしまうからであろう。（そう思いたい！　が…、）そして全体に"荒っぽさ"をフィーチャーし過ぎな感じが否めず、これを飲めばどうしてもかつての『10年』に想いが飛んでしまう罪作りな1本ではある。

銘酒『10年』の系譜は持続出来うるのか。その試金石！

145

タリスカー ポート リー

TALISKER
PORT RUIGHE

[700ml 45.8%]

BOTTLE IMPRESSION

『ストーム』に続くタリスカーの"変化球"が、この『ポート リー』。その変化球たる所以は、ノン・エイジとポートワインの樽で最終仕上げの熟成をしている点だ。アルコール度数も『10年』や『ストーム』と同様、45.8%という半端なもので、私の勝手な推察ではあるが、偶発的に決まった『10年』の45.8%というタリスカーにとっての王道的数字を単に踏襲しているに過ぎないと見た。

酒色はポートワイン樽の影響をありありと反映した暗褐色。グラスの縁からの立ち上がりにはまた若いアルコールの揮発感があり、次に海の飛沫(しぶき)の潮っぽさとオレンジの実、ザラ目の砂糖が積層。鼻を押し付けてよくよく嗅ぎ出せば梅酒から取り出した梅の実やホワイトチョコも。

アロマ以降になるとタリスカーに特有の海水を想起させるような塩気を感じるが、『10年』よりは甘め。そして『ストーム』によく似たチリのスパイシーさにオレンジがかったチョコレートが盛り上がってピークになるとスモーキーさが増し、単なる香りというよりも味わいとしての煙のようなピーティ感が口一杯に広がる。この時、シェリー樽仕上げのシングルモルトのようなゴム臭が一瞬、舌裏と脳裏を横切る。ま、シェリーもポートワインも熟成途中にブランデーを強制添加した酒だから不思議はないのだが、「後熟」の効果というか影響が感じられる部分ではある。

フィニッシュはかなり複雑で、ミルクチョコ、あるいはココアかモカの香りの付いた木質感があって、ほんの微かにオレンジの実も登場する。

総体的に述べればタリスカー特有のスタイルを押し通してはいるが、よりオイリーな印象であり、『ストーム』1本を楽しんだ後ではコッテリ感に振った甘口の1本と判断した。さらに述べれば、ポートワインの樽由来の甘さにプラスしてチョコレート系のコクを加えた"ヒネリ"が、キレ味を阻害してすっきり感がかなり不足している。ま、変化球は変化球であり、タリスカーの王道は『10年』にあると再認識させられる1本だ。多少の救いは、『10年』の存在が身近ではないドリンカーには充分に個性的であろうという点だ。

ピーティ
PEATY
ピート / 薬品 / 樹脂

シリアル
CEREAL
マッシュ / モルト / 焦げた匂い

パンジェント
PUNGENT
つんと来る / 熱い / ちくちく

アルデヒディック
ALDEHYDIC
刈られた草 / バニラ / グリセリン

ビター
BITTER
苦い / 塩 / 土臭い

スイート
SWEET
蜂蜜 / バニラ / グリセリン

オイル
OIL
ナッツ / バター / 脂肪

ウッディー
WOODY
新木の香り / フルーツ

ポートワインカスク熟成+若年原酒の実験的変化球。

146

タリスカー ディスティラーズ エディション

TALISKER
DISTILLERS EDITION

[700ml 45.8%]

BOTTLE IMPRESSION

タリスカーが年に1度、限定1バッチのみ生産するスペシャルバージョン。ま、これも変化球の1本ではあるが、1998年から継続的にリリースされていて、元々が原酒不足に対処した緊急避難的なボトルではなく、これはこれでレギュラーとみて良い1本だ。

ボトル内容としては、バーボン樽とアモロソ・シェリーの樽でのダブルマチュード。ちなみにアモロソはオロロソとペドロヒメネスをブレンドしたシェリーのこと。ラベルには蒸溜年とボトリング年が記されていて、手元のボトルには2005年蒸溜で、2015年のボトリングとあるから年数はタリスカーの王道10年ということになる。

オリーブ色に着色されたガラス瓶からグラスに注ぐと、酒色は典型的なシェリー樽熟成の深いアンバー。立ち上がりの香りは何やらぐっと凝縮されて、私レベルの鼻には深いがジェントルなアルコール感しか感じられない。で、多少の加水。今度は新鮮なオレンジ様のフルーティさにチョコレート様の甘苦さが立ち上がるが、この時点ではまだスパイスもピートも海水も影を潜めている。しかし、アロマになると俄然活気づく。フルーティさには酸っぱいリンゴ、パイナップル、プラム、レーズン様が入り混じり、ゴム臭をベースにトッフィ的なコクのある甘さが口に広がる。この頃になってピーティさが鼻に抜け、コショー的な辛味と強めなビターが盛り上がるが、ピリピリ感は尖鋭的ではなく、丸みを帯びて穏やか。そしてかなり弱めな潮っぱさは最後になって顔を出す。

フィニッシュは暖か味を持ったスパイシーさとビターが主流で、最後にスパイシーさを伴ったピーティさが鼻に抜けるが、舌の奥にはまだまだ残り火が消えない。

結論的なことを言えば、タリスカーのオリジナルベクトルである「潮っぱさ」、「ピリピリとしたスパイシーさ」、「ピート感」に、極めてリッチな甘さを持つフルーティさを被せた1本だが、このボトルには『10年』のイメージを被せるのはちょっと筋が違うとの印象。タリスカーのオリジナルベクトルとは別バージョンの1本と見た。

HIGHLAND PARK

ハイランドパーク

世界最北のスコッチウィスキー蒸溜所であるハイランドパークは、グレートブリテン島最北の村、ジョン・オ・グローツのさらに北に位置するオークニー諸島・メインランド島にある。

「1798年創業」の文字が付加された、ハイランドパーク蒸溜所入り口の看板。

オーケディアンのDNAを受け継ぐ酒

ヴァイキング時代の栄光を綴る社史

　HPによると、ハイランドパーク蒸溜所の歴史は、9世紀の始めに現在のデンマークとノルウェーのヴァイキング王国からボートに乗り、海図に無い新天地を求めてオークニー諸島に渡ったヴァイキングの民によって始められたと記されている。

　その後600年間、スコットランドの極北の地に点在する小さなオークニーの70の島々に、その民はオーケディアンとしてヴァイキングの王国を築いた。

　1468年、デンマークとノルウェーの王であるクリスチャン1世は、娘のマーガレットをスコットランドの王、ジェームズ3世に嫁がせたおり、オークニー諸島を献納した。それ以降、オークニー諸島は

ヴァイキング王国に返還されることは無かった。と書かれている。

　今日、我々オーケディアンは深く先人のDNAを受け継いでおり、彼らのプライドと独立心を現在なおシェアリングしていると感じている。ハイランドパーク蒸溜所に関しては、現代のヴァイキング魂をウィスキー蒸溜に掛けて生産している。とも宣言している。

ヴァイキングの香り満点のツアー

　ハイランドパークの創始者、ヴァイキングの末裔であるマグナス牧師は、(ギョッとする組み合わせだが)屠殺人も兼ねており、夜間はスマグラー(密造酒造り)として働き、カークウエル港を見下ろすハイパークに違法な密造工場を立てた。ま、

ハイランドパークは、自前でフロアモルティングを行なう数少ない蒸溜所の1つ。とはいえ、その総量は使用量全体の一部。麦芽の乾燥には、ヘザーピートを使用する。

HIGHLAND PARK

只者ではなかったマグナス牧師によって1798年、この場所で社は創業し現在に至っている。

　これは、多くのスコットランドの蒸溜所よりも100年も早い創業だ。"スマグラー蒸溜を除く"、というスコッチウィスキー創業時の除外規定が無いのであれば、マグナス牧師の開始した時期を創業時としたい、というのが会社としての本音であろう。

　彼らは、ヴァイキングのニュージェネレーションとして、旧い製造法に則り製造をしている。蒸溜所が組んでいるツアー名は、「ヴァイキング・ソウル・ツアー（£10）」、「ヴァイキング・ヒーローズ・ツアー（£20）」と仰々しい。また、「マグナス・ユンソン・ツアー」は£75と高額だが、2時間の説明後、7種類のシングルモルトがテイスティングできる。そして「ヴァイキング・レジェンド・エクスペリエンス（£100）」となると、18世紀の蒸溜方法を細やかに解説した後、ヴァイキング・レジェンド・シリーズのボトルをテイスティング。そして素晴らしいカスクからの記念ボトリングの他、記念品として、特製グラス、蒸溜所の歴史本を進呈してくれる。

　何はともあれ、ハイランドパーク蒸溜所はヴァイキングの遺産で他の蒸溜所との差を付けることに決定したのだ。

　スコットランド本島から遠く離れた注目に値する蒸溜所かは、今後に生産されるハイランドパーク蒸溜所のウィスキーのテイストに懸かっていることは言うまでもない。

　この蒸溜所のスコテッシュ・ツアーでの評価は五つ星だ。数年前に私が訪問した折りにも遠方だったが、ここまできて本当に良かったと思える場所だったことを覚えている。

坂道に建ち並ぶ、古式ゆかしいウェアハウス。年間
を通じて冷涼かつ湿度も高いため、エンジェルズ
シェアも低く抑えられる。

貯蔵する樽のレイアウトは、上写真のウェアハウスの天井の低さからも想像が付く、3層のダンネージ式。

ハイランドパーク 12年 ヴァイキングオナー

HIGHLAND PARK
12YEARS VIKING HONOUR

[700ml 40%]

BOTTLE IMPRESSION

　なんという味の変わりようであろうか？
　熟成年式表示12年の700mlのボトルを2018年4月にリカー
ショップで購入し一本完飲したが、これが本当にオークニー
の蒸溜所ハイランドパークのウィスキーであろうか？　残念
ながら評判の高かった年式記入のボトルからは、かつてのハ
イランドパークの美味さのかけらも感じることはできなかっ
た。
　名の知れたスコッチウイスキーブランドは、世界中を巻き
込んだウィスキーブームで、シングルモルトとして出荷してい
た熟成樽が急激に不足し、熟成のはかの行かない樽を開け
て、商品化しているのであろう。
　そう言えば、この蒸溜所だけではないのであるが、『ヴァル
キリー』、『ザ・ダーク』、『バイキングオナー』、『ファイアエディ
ション』、『アイスエディション』、『スヴェン』、『ハラルド』、『エイ
ナー』、『リーフ・エリクソン・リリース』、『シグルト』等々、凄まじ
い勢いで年式非記入ラインナップを増やしている。
　この有様では初見のウィスキー・ビギナーの舌は満足させ
るとしても、従来よりのハイランドパークを愛し、常飲していた
マニアはなんと思うのであろうか。良質な熟成を育む樽が不
足するのは明白である。熟成を待たずにボトリングしてしまう
という商売では、自らのブランドを破壊する行為でしか無いと
思うのであるが…。
　「今需要があり、売れるから多角的に商品ラインナップを増
やす戦法」は、かつてのマツダ（自動車）、ハーレーダビッドソン
（オートバイ）のように、ユーザーが離れてしまう要因となりう
る。良質なブランドとは、市場に流通するタマが不足がちで、
少々飢餓感を感じる程度を良しとし、長期的スパンに立って
みればそれが結果的にファンにとっての最大のサービスに繋
がるブランドを指すのではないだろうか。
　一時的には、世界中の盲目的ブランド崇拝者かつ味音痴の
ドリンカーが購入してくれるだろうし、表面上の利益は伸びる
と思われるが、私のような従来のハイランドパーク・マニアは
離れる一方である。
　まあ、残念ながらテイスティングするには変節し過ぎてい
て、以上のような嘆きとも文句ともつかない感想しか出てこ
ない体たらくである。確かにスモーキーさは存在するし、麦芽
感も存在するが、あの、かつての12年に内在した力量感のあ
るバランスの良さは微塵もない。半煮えの料理のような、ギク
シャクしたテイストと言ったら良いのか。多くのキャラクター
が混じらずに混在。
　マグナス・ユンソン牧師が墓の下で泣いているのではある
まいか。

変節際立つかつての銘酒。10年先の復活を待つべきか…

ピーティ
PEATY
ピート / 薬品 / 樹脂

シリアル
CEREAL
マッシュ / モルト /
焦げた匂い

アルデヒディック
ALDEHYDIC
刈られた草 /
バニラ / グリセリン

スイート
SWEET
蜂蜜 / バニラ / グリセリン

ウッディー
WOODY
新木の香り / フルーツ

オイル
OIL
ナッツ / バター / 脂肪

ビター
BITTER
苦い / 塩 /
土臭い

パンジェント
PUNGENT
つんと来る / 熱い /
ちくちく

違法・合法を問わず、200年も前から数多くの蒸溜所が点在していたスコッチウィスキーの聖地「スペイサイド」。トミントール蒸溜所は、20世紀に入った1964年、この地に設立された比較的新しい蒸溜所である。

TOMINTOUL
トミントール

スペイサイド新興勢力の躍進

蒸溜所名のトミントールとは、スコッチの大多数の蒸溜所と同じく立地する土地の名前で、グレンリヴェット谷（グレンとは谷という意味なのだが、便宜上こう書いた）の最上流部にある街（というよりも村）の名だ。蒸溜所はこの街の中心地からは車で5分ほど渓に降りた場所に建つ。

余談だが、街の中心地にはスペイサイドではダフタウンの「ウィスキーショップ」と並んで品揃えの豊富さで双肩をなすウィスキー・ストアの「ウィスキー・キャッスル」があり、トミントールのほとんど全てのバージョンはここで入手可能である。そしてこの店にはまた、ギネスブックに2009年に収録されたトミントール蒸溜所製造の世界最大の高さ145cm、容量105.3リットルという巨大ウィスキーボトルが飾られている。これは『14年』のモルトウィスキーで、もちろん中身入りだ！

蒸溜所の建造は1964年と比較的新しく、スコットランドで20世紀に建造された3番目の蒸溜所となる。グラスゴーのウィスキーブローカー2社によって設立された同蒸溜所は当初、1組のウォッシュスチルとスピリッツスチルのみで操業を開始したが、1973年にスコティッシュ＆ユニバーサル・インベストメント社がオーナーとなり、その翌年に蒸溜器をもう1組増設して生産能力を倍増。同社が傘下に収めるホワイト＆マッカイのブレンデッド用モルトの製造に注力する一方、10年の熟成を経た記念すべき初のモルトウィスキーボトルをリリースする。

その後も幾度かのオーナー変遷を辿るが、モル

トゥイスキーのラインナップを『12年』、『14年』、『16年』等々と徐々に拡充し、現在に至る。

バランチュラン山の泉から水を引き、容量11.6トンのセミ濾過式のマッシュタン、6槽のウォッシュバックで54時間かけて発酵。2組の蒸溜器を使い一週15回というマッシングサイクルで年間3万3,000リットルのニューメイクを生産する。また同敷地内のラック式のウェアハウスは6棟あり、収容熟成されているカスクの数は11万6,000樽である。

現在の『トミントール』ブランドのラインナップは、同蒸溜所のオフィシャルHPで確認する限り、年式表示の直球ボトルが『10年』、『14年』、『16年』、『18年』、『21年』、『25年』で、いずれもノンピート。同じくノンピートでオロロソカスクフィニッシュの『12年』、ポートウッドフィニッシュの『15年』があり、数量限定販売のヴィンテージ物が『1973年（全世界で240本限定！）』、『1976年』、『1981年・シングルカスク』、そして、蒸溜所の隅でひっそりと眠っていた

1974年蒸溜の樽の中から選出した、個性に富んだ謂わば“秘蔵っ子”とも言える4つの樽を元にした『40年・クアドロプル（四重）』などが揃う。他、熟成年数の異なるアメリカンオークのバーボン樽のモルトをバッティングした『トラス』、「アメリカンオークのバーボン樽で熟成したモルトを、スペインのアンダルシアにある家族経営の酒蔵から慎重にピックアップしたオロロソシェリーカスクで後熟した」と謳われる『SEIRIDH（“シェリー”と発音するらしい…）』など、日本円にして3,000円弱程の価格設定の変化球ボトルも見事に揃えている。また、「スペイサイドでは珍しい」という近年では聞き慣れてきた前説が付くピーティータイプでは、トミントールのノンピーテッドモルトとピーテッドモルトをバッティングした『ピーティー・タン』、『ピーティー・タン15年』に加え、現オーナーであるアンガス・ダンディ社が立ち上げた子会社名義の、今回試飲した『オールドバランチュラン・10年』がある。

看板が無ければそれと分からない、現代的な建物の蒸溜所。しかしその内部には、伝統的なスコッチの製法に則った蒸溜設備がしっかりと収められ、日々淡々と稼働している。

TOMINTOUL
DISTILLERY
Est 1965

Angus Dundee

Licensed Distillers

VISITORS BY APPOINTMENT

トミントールの街の中心にある名物ショップ、「ザ・ウィスキー・キャッスル」と「ザ・ハイランド・マーケット」。トミントール蒸溜所まで車で5分、スペイサイドの雄、ザ・グレンリベット蒸溜所までは車で15分という、スペイサイドのツーリストにありがたい存在。

ローカルな店構えながら、ザ・ウィスキー・キャッスルの品揃えは驚くほど豊富。地の利を活かしてかどうかはさておき、トミントールのラインナップはおそらくひと通り（またはそれ以上に）揃っている。

オールドバランチュラン 10年
OLD BALLANTRUAN 10YEARS

[700ml 50%]

BOTTLE IMPRESSION

　トミントール蒸溜所産で、発売が蒸溜所のオーナーである、アンガス・ダンディ社が立ち上げた「オールドバランチュラン・ウィスキーカンパニー」という新しい子会社という1本。

　ボトルにはご丁寧にも"ピーテッド・モルト"と、これがスペイサイド産であることを強調して地域名であるスペイサイド/グレンリヴェットをわざわざ刷り込むほど、スペイサイド産にしては異色の個性であることを強調している。

　酒色は深味のあるゴールド。タンブラーから立ち上がるアルコールの揮発感は、100プルーフ（50度）の力感が際立ち、樽の木質感と同時に香るスモーキーさは、それだけが浮き立ったものではなく、スペイサイド産ならではの甘いクリーミーさを核に、柑橘系にスパイシーさも溶け込んで、しっかりと煙い。その上、アロマ以降ではかなり硬質な、ピーティ感のあるスモーキーさが、麦芽由来の甘さと、アルコールの辛味をベースにした黒コショー様のスパイシーさに入り混じって、一拍遅れてやってくる。この点、単にライト系でエステリックかつ華やかなスペイサイド産の個性に、小手先芸でスモーキーさを盛り込んだものだろうと高を括っていた私は、かなり意表を突かれた。

　さらに、煙幕の裏の味わいもなかなかにハード。ただし、アイラ産ピートのようなヨード系には振れていないから、"あくどさ"を期待してはいけない。ハイランド系のスモーキーさとは一脈通じると感じた。しかし50%というアルコール濃度が押し出すストロングフィールは強力で、味わいの細部にまで作用して分厚い口中に居座る。フェノール値は公称55ppmと、アイラ産のレギュラークラスに比肩する数値である。

　フィニッシュに向かっては、木を燃やしたような煙にタールっぽさが混じってスパイシーさが浮く。総じて複雑系には流されず、シンプルさを失っていない力強いモルトではある。

　そして一言申し添えておくと、その蒸溜所の個性が最も端的に表れる10〜12年というクラスの原酒が不足して、年式非表示の正体不明の変化球ボトルが氾濫する現在のスコッチ業界の中で、このしっかりと『10年』を謳ったボトルはなかなか貴重であり、この蒸溜所の骨太な存在感がにじみでた1本と評しておきたい。しかしシリーズ中にはノンエイジ（年式非表示）も、さらには『15年』もラインナップされていて、さりげなく商売っ気のあるところも見せている。

LOCH LOMOND

ロッホローモンド

イギリス最大の淡水湖にして、壮大な自然の景観を楽しめるローモンド湖。オリジナルのロッホローモンド蒸溜所は1814年、スコットランド最古の蒸溜所と言われるリトルミル蒸溜所の第2工場として湖の北端に創設された。しかし現在は、湖の南端より僅かに奥まったアレクサンドリアの街の郊外で稼働を続けている。

独自の製法と販売戦略で、厳しい現況をくぐり抜ける

スコットランドで最も蒸溜所らしからぬ蒸溜所。それが『Loch Lomond』である。場所はローモンド湖（ロッホローモンド）西端に隣接したアレキサンドリア郊外の廃れかけた工業団地の中。建物には煙突はあるがキルンはなく、どこからどう見ても別の何かの工場であり、間違ってもウィスキーの蒸溜所とは見えない。

元はと言えばこの工場を最初に蒸溜所としたのは『リトルミル』蒸溜所で、既にあった蒸溜所の別"工場"という位置付けで、元々キャラコの染色工場だった建物の内部を改装し、1965年からウィスキーの蒸溜所として使用していたもの。その後、1984年には閉鎖されたが、1年後、別の会社がこれを買収。その後さらにオーナーは代わり、現在は「ロッホローモンドグループ」によって現在の蒸溜所が運営されている。だからその製造工程も全て

が工場風であり、科学分析室まで備えている。

が、最もユニークなのはその蒸溜器である。これが甚だ変わっていて他には例を見ない。まずは総数1組6基の蒸溜器があって、この内1組は、ネック部分の曲がりの大きなスワンネックの通常の単式のポットスチルである。そして大きく変わっているのが他の4基のスチルである。外観から言うとスワン型のネック部分に相当する箇所が巨大なコラム（精溜塔）に変更されているのだ。

会社ではこれを単に"コッフィ"スチルと呼んでいたが、この連続蒸溜器によるアルコール蒸気の還流率を変更することにより、1基のスチルで種類の異なったスピリッツの取得を可能としているのである。ちなみに名称の"コッフィ"とは、アイルランドの蒸溜家であり、設計者であるイーニアス・コッフィの名前である。この同じ蒸溜室からはグレーンウィ

来る者を全て拒むかのような、極めて閉鎖的な外観の蒸溜所。現状ではツアーはおろかビジターセンターすら設けていないが、スコッチウィスキー業界の潮流に乗って開設される日が来ることもあるのだろうか？

スキーもこのスチルを使用して連続蒸溜されているが、同一の蒸溜室でシングルモルトもグレーンスピリッツも生産されるというのもスコットランドでも他には例を見ないユニークさである。ステンレスのウォッシュバックは10槽が稼働しているが、これらとは別に交換用として8槽が準備されていて、年間400万リットルのシングルモルト、1,500万リットルのグレーンスピリッツの生産をバックアップしている。

また、この工場内には社内クーパレッジ（樽製造＆メンテナンス工場）も完備しているが、その規模は専門のクーパレッジに匹敵するもので、分業が常識の現在では極めて稀である。そして熟成庫はパレット＆ラック方式を採用するが、その数は30棟を数える。

この蒸溜所では、熟成年数が4〜5年のまだ若い原酒も積極的にボトリングされるが、それは出荷される地域、特にイタリアやドイツでは7年未満のスピリッツフルな味が好まれるという事情を考慮しての営業政策であり、それらを含むロッホローモンドの製品としての割合は全生産量の50％。残りの50％が他社に売却される分となる。製品化にあたってはこれまた自社内に設備されたボトリングラインで瓶詰めし、出荷されている。

以上が、この"工場"のような蒸溜所の操業システムの全貌であるが、こういうシステムを採用する蒸溜所はこれからも増えることが予想されるが、浮沈の激しい業界にあってはこれもまた生き残る術であるのかもしれない。

ロッホローモンドのラインナップするブランドは極めて広範囲に及び、かつては8つのブランドを展開していたが、現在は『ロッホローモンド』とセカンドブランドの『インチマリン』に集約されている。

ロッホローモンドを象徴する、極めて珍しいコフィスチル。同タイプの連続式蒸溜器は、ニッカウヰスキーの宮城峡蒸溜所でも稼働している。

近代的な倉庫然とした、パレット＆ラック式のウェアハウス。その数は30棟を越え、若い原酒も早いサイクルで入れ替わる。

ロッホローモンド シングルグレーン

LOCH LOMOND
SINGLE GRAIN

[700ml 46%]

BOTTLE IMPRESSION

　今回試飲したこの『ロッホローモンド・シングルグレーン』を最初に説明しておくと、このボトルは"シングルグレーン"と謳ってはいるが、本来の雑穀類を原料とするグレーンではなく、大麦麦芽100%使用のれっきとした"シングルモルト"なのである。

　ただ、その蒸溜に関しては通常のポットスチルによる2回蒸溜ではなく、グレーンの蒸溜に使われる連続蒸溜器"コッフィ・スチル"を使用しての1回蒸溜。これでアルコール濃度を80%位まで一気に高めたスピリッツを得るのである。従ってその味わいも通常の"シングルグレーン"とは大きくニュアンスを異にする。

　これは日本のニッカ宮城峡蒸溜所産の『カフェ・モルト』と同一の手法だが、アルコールの還元率や熟成ポリシーの相違があって、この両者はまるで異なった個性となっている。結論じみてはいるが、濃密で分厚い華やかさと熟成感の『カフェ・モルト』に対し、こちらはやや淡白でスパイシー。アルコールのピーキーな突き上げとピリピリしたスパイシーさを身上としている。

　酒色は淡いゴールド。タンブラーからの立ち上がりにはアルコールの繊細な揮発感と穀物感があり、アロマとマウスフィールはクリスピーな穀物感ある甘さと、リンゴ様の酸味に、エグ味を伴った樽の木質感由来のバニラが浮き上がる。

　全体にはあっさりとした印象でバニラに絡んだビターに僅かにコクを感じるが、味わいの流れ全般を通じてピーク感の乏しい平坦さに陥っていないのは46%というアルコール濃度が大きくモノを言っていると見た。

　ノンピートではあるが僅かに感じるスモーキーさの裏には、実測値では1ppmという微細なフェノール値を計測しているからであり、これはピーテッドモルトが使用されているという事ではなく、仕込み水由来と考えればよい。極めて存在の珍しい1本ではある。

画像提供：株式会社 庄司酒店

165

BLENDED WHISKY
IMPRESSION

ブレンデッドウィスキー インプレッション

　スコッチウィスキーにおいては、いくらウィスキーブームだと声高に叫ばれようと、まだまだ「シングルモルトウィスキー」の需要は軽微なもの（だと信じたい…）。熟成した原酒の大半は他多数の蒸溜所の原酒および、「グレーンウィスキー」と混ぜ合わされ、「ブレンデッドウィスキー」として世界各国に出荷されていく。つまり、ご同輩方が愛して止まないスコッチウィスキーの実情およびその行き着く先を案じるのであれば、必然的にブレンデッドウィスキーの変容にも目を向けなければならない。各メーカーが抱える熟練ブレンダーの尽力により、長年に渡り守られ続けてきた基幹ブレンデッドは、原酒不足というかつてない局面を迎えた今も変わらぬ味を保っているのだろうか？

ホワイトホース ファインオールド
WHITE HORSE FINE OLD

[700ml 40%]

BOTTLE IMPRESSION

　このクラスでは古くから知られたブレンデッドの定番。エディンバラの『白馬亭』という名のイン（inn・酒場兼宿屋）の屋号がボトル名の由来であるが、元々は『White Horse Celler』と名乗っていた。この馬の絵の下の1742という数字は『白馬亭』の創業年であり、ウィスキーとは無関係。1906年には日本でも流通したという文献もあって、日本では最古参級のスコッチである。現在採用されているスクリューキャップは、スタンダードクラスのスコッチの標準仕様となっているが、これは1926年にコルク栓から切り替えられたもので、『ホワイトホース』がその走りである。現行のボトルは『12年』と細部は異なるが、同型のスリムライン。2年前までは底が広く、上がすぼまった釣り鐘のようなシェイプであり、ボトルの変更と同時に味わいもかなりアップデートされた。

　タンブラーから立ち上がる香りには、ほんの一瞬、アイラモルトのヨード系のスモーキーさが、ほんの雰囲気のみといった程度に脳裏をかすめる。そしてこのクラスに有り勝ちなピリピリとしたアルコール感は薄く、マイルド。青リンゴ様の酸味を含んだ爽やかなフルーティ感、ハチミツ、バニラ系の樽香、モルト由来の穀物的甘味、強くはないがスモーキーさには、アイラモルトならではの磯香に入り混じる苦っぽいピート感も内包される。

　定番にしてこの味わいの積層感と雰囲気は、スコッチのレベルをきっちりと表現している。洗練よりも野性味を尊ぶ、英国カントリーサイドの香りが沸々と蘇る1本。蛇足だが、開栓後3日目くらいからバニラ香に混じったビターと穀物様の甘さがしっかりと押し出して、開栓直後のさらっとした印象からは数段ボディ感が増すが、逆にシャープ感には乏しくなる。

ピーティ
PEATY
ピート / 薬品 / 樹脂

パンジェント
PUNGENT
つんと来る / 熱い / ちくちく

シリアル
CEREAL
マッシュ / モルト / 焦げた匂い

ビター
BITTER
苦い / 塩 / 土臭い

アルデヒディック
ALDEHYDIC
刈られた草 / バニラ / グリセリン

オイル
OIL
ナッツ / バター / 脂肪

スイート
SWEET
蜂蜜 / バニラ / グリセリン

ウッディー
WOODY
新木の香り / フルーツ

日本の輸入酒市場最古参のスコッチ。味わいもまた正統な…

ホワイトホース 12年
WHITE HORSE 12YEARS

［ 700ml 40% ］

BOTTLE IMPRESSION

　この『12年』は、日本を主な仕向け地とした『Fine Old』のジャパンバージョン。一言でいえば、『Fine Old』の角を削り落とし、手際よく調教した雰囲気。したがってギスギス感はなく、口に含んだ時に感じられるボディの太さと、まったり感に、熟成感を重視した12年モノならではのブレンドの巧みさを感じる1本だ。

　基幹モルトにはアイラ産の『ラガヴーリン』、『ホワイトホース』に供給するために建てられたというスペイサイドの『クライゲラヒ』、そして『グレンエルギン』などがブレンドされて、酒色はコッテリ（濃い）としたブラウン。

　初っ端のアルコールの揮発感はあるが、ピリッとした刺激感には繋がらず、良く調教されたモルト感が支配的。『Fine Old』の酸味の効いた青リンゴ様の爽やかさ、ハチミツ、穀物系の甘さとチョコレートっぽい香ばしさ、樽由来のバニラ風味も総じて熟成感の陰に隠れて、刺激感と共に削ぎ落とし過ぎた印象。スモーキー感も皆無とは言わないが微弱。大人し過ぎである。

　渋味、酸味は僅かな加水で解け出すが、味わいの山、ピーク感はなく平板。スコットランドのブレンダーから見ると、この大人し目（良く言えばジェントル感）な熟成感だけが日本人の好むウィスキーの傾向と映っているのだろうか。本来素朴であるはずのスコッチのスタイルをあるがままに受け継いでいるスタイルからは、一歩後退したとしか感じられない、日本人を意識し過ぎた1本。個人的にはリピートはない。

　使用されているモルトの中には、この『ホワイトホース』のために、シングルモルトとしての販売量が制限されるというアイラの少量生産の銘酒『ラガヴーリン』もかなりブレンドされているというから、『クライゲラヒ』と合わせて、その本流を嗅ぎ分ける楽しみはある。

ピーティ
PEATY
ピート／薬品／樹脂

パンジェント
PUNGENT
つんと来る／熱い／ちくちく

シリアル
CEREAL
マッシュ／モルト／焦げた匂い

ビター
BITTER
苦い／塩／土臭い

アルデヒディック
ALDEHYDIC
刈られた草／バニラ／グリセリン

オイル
OIL
ナッツ／バター／脂肪

スイート
SWEET
蜂蜜／バニラ／グリセリン

ウッディー
WOODY
新木の香り／フルーツ

ティーチャーズ ハイランドクリーム

TEACHER'S HIGHLAND CREAM

[700ml　40%]

BOTTLE IMPRESSION

　このボトルが日本のスーパーや量販店では1,000円前後！　特筆すべきコストパフォーマンスを示す1本だ。ボトルの中央上のガラスの表面には「麦の穂」をモチーフとしたレリーフがあって、その下側に小さめのラベル。これが最近のリノベーション版であることを表している。

　「ハイランドクリーム」というマイルドな印象を与えるネーミングだが、このイメージからは異質なほどハイランドモルトの血統を濃密に残す正統派のストロングブレンド。

　まず、最初に感じるタンブラーから立ち上がるスモーキーさはクラス最強と言ってよい。そしてこのスモーキーさは、アイラピートのような土臭さや、苔臭さ、磯臭さ、薬臭さといったヨード系の要素は薄く、ハイランドタイプ特有のサラリ感のある純粋な"煙さ"である。基幹モルトは傘下の『グレンドロナック』と『アードモア』。アルコール由来の揮発感とスパイシーさを伴って、まずはのっけからスモーキーさが押し出す。

　フルーティな酸味と甘さに関しては、酸味のきつめなリンゴ、味の薄い洋ナシ、さらにはハチミツも入り混じった印象だが、かなり強調されたスモーキーさと辛味の裏側に張り付いているため、これらが単純に主張する事はない。ちょっと目立ち過ぎた隠し味といったところか。

　フィニッシュは、このクラスにしてはかなり長く、オレンジの皮様のビターと強い渋味、そして最後まで持続するスモーキーさが次第に薄くなって消える。タンブラーに注いで10分。常温の加水5%位を手にしてゆっくりと啜っていると、強い渋味とビターが押し出して積層感を強調する。

　まったり感を排除した正統派のスコッチと言い切ってよい。ボトルの全量中、モルトの使用比率は正確に45%。この数字は1884年の発売以来キープされ続け、クオリティを保っている。

ピーティ
PEATY
ピート / 薬品 / 樹脂

パンジェント
PUNGENT
つんと来る / 熱い / ちくちく

シリアル
CEREAL
マッシュ / モルト / 焦げた匂い

ビター
BITTER
苦い / 塩 / 土臭い

アルデヒディック
ALDEHYDIC
刈られた草 / バニラ / グリセリン

オイル
OIL
ナッツ / バター / 脂肪

スイート
SWEET
蜂蜜 / バニラ / グリセリン

ウッディー
WOODY
新木の香り / フルーツ

WM. TEACHER & SONS

TEACHER'S

HIGHLAND CREAM

HIGH IN PEATED MALT

For unique character and full flavour

700 mL　　40% ALC./VOL.

BLENDED SCOTCH WHISKY

ハイランドクイーン 8年
HIGHLAND QUEEN 8YEARS

[700ml 40%]

BOTTLE IMPRESSION

　プロフィールとしての『ハイランドクイーン』は、1893年、マクドナルド＆ミューア社によってリリースされたのが発端。ブランド名の「ハイランドクイーン」は、1561年に即位したスコットランド女王、メアリー・スチュアートの、スコットランド国民からの親しみをもって呼ばれた名である。

　最初のリリースから10年を経ずして、「ハイランドクイーン」へのモルトの供給源として傘下に組み入れたのが『グレンモーレンジィ』蒸溜所であり、以降、現在まで一貫して『グレンマレイ』と共に「ハイランドクイーン」の基幹モルトとなっている。

　シリーズとしてはこの『8年』とエントリークラスのノンエイジがブレンデッドとしてラインナップされていて、『12年』はシングルモルトのボトルである。

　タンブラーに注いだ色目は中庸な飴色。アルコールの突出感、押し出しはなくマイルド。柔らかなモルト感に、バタースカッチ様の甘い香り、多少のチョコレートっぽさが立ち上がる。

　アロマ以降は多少のスパイシーさはあるが極めてマイルドでスムーズ。ハチミツに絡んだ若いリンゴ様の酸味に、焦げ感の少ないトッフィ様の甘さ。そしてフローラルな香りが絡んで熟成感が支配的。味わいのピーク感はやや平板。フィニッシュは甘く、ドライフルーツ様の濃密な酸味に、渋さとビター感が長く付きまとって、ほんの一瞬のスモーキーさに再び甘さが絡んで長く伸びる。

　上品かつまっとうに仕上げられたソフトタイプの上質な1本で、熟成感は8年以上の雰囲気。『ティーチャーズ』の荒っぽい魅力とは、また対極に位置する個性である。

ストロング感がリデュースされ、熟成感秀逸なハイランダー。

170

カティーサーク プロヒビション
CUTTY SARK PROHIBITION

[700ml 50%]

　黄色いラベルと帆船が描かれた『カティサーク』のベーシックボトルは、1923年に発売された。以降、2008年まではScotch Whiskyではなく、Scots（スコットランド人の）Whiskyという表示がされていたほど、スコットランドには強いこだわりを持ったブランドである。そして、『カティサーク』は禁酒法真只中の1920年代にもアメリカに密輸され続けていたが、禁酒法が解禁となった90周年を記念して、禁酒法時代のアメリカに『カティサーク』を密輸していた人物、ウィリアム・マッコイ船長を偲んでリリースされたのがこの『Prohibition Edition』だ。

　で、アルコール濃度は、この時代のアメリカの標準的濃度と同様に50度に設定されている。「Prohibition」とはそのまま禁酒法という意味であり、味わいもパワフルで力強い雰囲気が前面に押し出されていて、現代風のライト＆スムーズなベーシック『カティサーク』とは一線を画す。ちなみにレギュラーラインナップのボトル（英国国内や日本向け）のアルコール度は40度であり、USA向けボトルは43度である。

　まず、ボトルの色が中身の減り具合も見えないほど真っ黒で、キャップはコルク栓。その上、ラベルも『カティサーク』イメージの黄色ではなく、グレー地に黒文字のモノトーンであることからも、雰囲気はトラディショナルが意識されてかなり個性的。酒色は深味のあるゴールド。

　タンブラーから立ち上がるアルコールの揮発感は重く、濃密な樽香を伴う。熟成樽はアメリカンオークで、バニラ、チョコレート、ドライフルーツ様の香りにアルコール感がずしりと乗った印象。スモーキーさは味わいの最初から最後まで途切れることなく、味わいの最も基本となる部分にベースとなって流れ続けているが、決して目立ちすぎることはなく、バランスに破綻はない。

　アロマ以降ではアルコール由来であろうピリピリとした胡椒的なスパイシーさがハチミツに合わさって、柑橘系果実、バニラに絡み、トッフィ様の濃厚な甘さが味わいの中核に居座る。が、追ってピリピリ感が勝ってくる。フィニッシュはドライフルーツ様の酸味に乗ったビター（苦味）が長々と続き、最後は渋味も。

　『ブナハーブン』、『ハイランドパーク』、『グレングラッサ』、『タムドゥ』などのマニア好みの原酒を中心に、グレーンの質にも気を配ったブレンドであり、いかにも"スモールバッチ"然とした味わいがファンの気を引く。ベーシックボトルに比べ一味、二味重いパンチの利いた極めて男性的な個性が演出された1本であり、ラベルを見なければ『カティサーク』とは全く気付かないであろう特異な個性が香る1本だ。

"その時代"が甦るクラス最強のアルコール度50%。パワフル！

171

ジョニーウォーカー レッドラベル
JOHNNIE WALKER
RED LABEL

[700ml 40%]

BOTTLE IMPRESSION

『ジョニーウォーカー』といえば昔からスコッチ（ブレンデッドのこと）を代表するブランドとして、日本では最も名が通った（スコッチ）ウィスキーの"カリスマ"的存在であった。そしてこの「ジョニ赤」こそが「ジョニ黒」と並ぶ二大人気ボトルとして、20世紀の日本のウィスキーシーンを象徴していたのであり、世界No.1の売り上げをキープし続けるモンスターでもある。

で、3年前に改めて封を切ったところ、『カードゥ』を基幹としてブレンドされたモルトの持つ複雑な甘さ、ふくよかさ、フルーティさに入り混じるフローラルな香り、土の香りともいえるスモーキーさ（ピーティさ）が適切に個性を主張していた。そしてこのピーティさには、単なるフェノール臭だけではないコケ様の土臭さもしっかりと内包されていて、様々な要素の混濁した、渾然一体感とはまた一味違った立体感を際立たせていたのである。またそれぞれのテイストのバランス感は抜群で、このブレンド技術ひとつとってみても、このボトルならではの素性の良さが実感できていた。

が、しかし。今回改めて最新のボトルを味わって（当然、1本丸まる）みると、かつて私が"「黒ラベル」ほどのマイルド＆スムーズさはなく、角の取れていない未成熟な荒っぽさも適度に残されていて、都会的な洗練さの中に秘められた「土の香り」と評すれば適切か。"と評したクオリティが微塵もなく、"「黒ラベル」との違いはクラスの差というよりも、個性の違いと受け取るべきである。"と、断言した自分が恥ずかしくなるようなプアーさに愕然！　ただ単純に低品質な水っぽさが浮き出ていて、スコッチ全体に低品質化が目立ってきた当世のスコッチ事情がもろに露見していたのだ。がっかり！

ブレンド技術の巧みさで聞こえた『ジョニーウォーカー』にしてこの体たらく。エントリーボトルにはそれなりの品質を備えてこそアップグレードへの呼び水となるのではあるが、他のアッパーボトルとの格差に愕然とした1本。お薦めは出来ない！　『ジョニーウォーカー』に興味をお持ちの方であれば、『ダブルブラック』から始められることを切に願うばかりである。

ジョニーウォーカー ゴールドラベル リザーブ
JOHNNIE WALKER GOLD LABEL RESERVE

[700ml 40%]

BOTTLE IMPRESSION

　18年以上のモルトを限定して使用する『ジョニーウォーカー』の高級ブレンデッド、『ゴールドラベル』は、世界的なウィスキーブームの中にあって、プレミアムとして高い人気と評価を持つボトルであった。で、何故、過去形かというと、18年以上熟成の古樽に枯渇が生じ終売となったからである。この辺りの事情は高級ジャパニーズ（『響』や『山崎』）と同様であり、製造の維持が困難になったのだ。そして、その代替品として登場したのがこの『ゴールドラベルリザーブ』である。

　18年が枯渇して出した代替品であるからには、使用するモルトの熟成年数は当然（推定だが）15年クラスに格落ちしている（はずだ）。で、この場合『〜リザーブ』の意味はウィスキーにとっての常套句である「取って置き！」という意味ではなく、私見ではあるがサッカーやラグビーで使われる「補欠」という意味にしか受け取れない。現に、このボトルのラベルのどこにも年数表示はない。ないのではあるが、熟成年数の違いはボトルの個性であるから、それをそのまま楽しめば良いわけで、『18年』という数字を後生大切に懐に忍ばせる面々には気の毒だが、「ウィスキーの味わいは年数では決められない」ということを、この際ご理解いただくしかない。

　そうは言っても2018年度の「ワールドウィスキーアワード」では『ワールドベストブレンデッド賞』を獲得し、名実ともに秀逸なボトルであることが立証されたわけで、さほどの格落ちという訳でもないからご安心を！　パッケージングもシンボルのストライドマンはガラス地に浮き彫りされているし、メタルキャップではなくコルク栓。高級ボトルの雰囲気はありありと窺える。

　で、うやうやしく封を切ってみれば、色目は深味のあるゴールド、タンブラーからのアルコールの揮発感はマイルド。押し出しはあるが極めて上品だ。『黒』や『赤』でしっかりと立ち上がるスモーキーさはない。が、ないが故にぶ厚いキャラメルっぽさを持ったハチミツ様の微細な香りも判別がつく。そして、ハンバーグに入れるスパイスのナツメグ？　の様な微細な香りも。

　アロマ以降では濃密なバニラに、どこの牧草地にでも咲いていそうな地味な野生の花々のフローラル感、むきたてのバナナ様のフルーティ感に絡んだハチミツのほんのりとした甘さが次々に明滅する。これは全ての『ジョニーウォーカー』に共通する、瑞々しさと華やかさにトゲのないスムーズな甘さと一脈共通している。フィニッシュではトッフィ様の多少の焦げ感を伴ったコクのある甘さが長い。

　総じて、割と単純にハチミツ、フローラル、フルーティといった華やか系モルトの寄せ集めのようでもあるが、『クライヌリッシュ』が基幹モルトとのこと。

　何にもまして高級感はあるのだが、価格とのバランスだけはちょっと…。

ジョニーウォーカー ダブルブラック
JOHNNIE WALKER DOUBLE BLACK

[700ml 40%]

BOTTLE IMPRESSION

『ジョニーウォーカー』の永遠の定番、『ブラックラベル』(ジョニ黒のこと)の1クラスアッパーのボトルがこの、『ダブルブラック』。しかしアッパーとはいうものの、年数表示はない。"ジョニ黒"のように12年という年数表示を"錦の御旗"とする方々には、「?」という存在であろう。元々は、空港の免税店でのみ扱われる専用商品であったものが、レギュラー化したボトルである。

ボトルは黒ガラスの真っ黒け。中身の残量さえ判断し難い黒さで、『ジョニーウォーカー』にしては異様な雰囲気である。色目はちょっと焦げ感のある深味のある飴色。アルコールの押し出しと刺激感は『黒』ほどに強くはなく大人し目である。が、何よりもまず、土臭いピーティ感にタール臭がミックスされて突出する。これはスモーキーと評するほど大人し目なものではない。

アロマ以降では柑橘系果実のやや酸味の勝った穀物由来の甘さが、モルティ感を押し上げて、『ジョニーウォーカー』らしいリッチさと暖か味が口中に広がる。が、いずれの瞬間にもピーティ感が無遠慮かつ強引に味わいに割り込んでくるし、『黒』ほどのフルーティ感もない。フィニッシュでは柑橘系の酸味に渋味が乗り、最後の最後にビターが現れて長い。

元々、『ジョニーウォーカー』のスモーキーさには、単なるフェノール臭だけではないコケ様の土臭さもしっかりと内包されていて、甘さや酸味、樽由来のバニラ感など、様々な要素の混濁した一体感が、立体的に味わいの深味を際立たせているのだが、この『ダブルブラック』はその辺りの特徴にピーティ感をさらに大幅強化し、フィーチャーしている特異な1本。

一言で評すれば、香り、味わい共に超個性的。徹頭徹尾スモーキーさを前面に打ち出した1本で、「煙いのが苦手!」という人は手を出してはいけない! スモーキーさ、ピーティさが代名詞のようになっているアイラ産モルトを彷彿させる"燻製"的個性は出色。ブレンデッドでこれほど剛健なボトルは珍しい。

PEATY ピーティ
ピート / 薬品 / 樹脂

CEREAL シリアル
マッシュ / モルト / 焦げた匂い

ALDEHYDIC アルデヒディック
刈られた草 / バニラ / グリセリン

SWEET スイート
蜂蜜 / バニラ / グリセリン

WOODY ウッディー
新木の香り / フルーツ

OIL オイル
ナッツ / バター / 脂肪

BITTER ビター
苦い / 塩 / 土臭い

PUNGENT パンジェント
つんと来る / 熱い / ちくちく

「凝りに凝った煙さ」。JWのブレンド技術が凝縮された1本!

ジョニーウォーカー ブレンダーズバッチ
ワインカスクブレンド

JOHNNIE WALKER
BLENDER'S BATCH
WINE CASK BLEND

［ 700ml 40% ］

BOTTLE IMPRESSION

　ブレンデッドの名門『ジョニーウォーカー』の12人のブレンダーが、旧来のラインナップに捉われずに、自分なりの個性を表現した"実験的"なブレンドを目指すというシリーズ企画があって、それが「ブレンダーズバッチ」というシリーズラインナップ。で、この『ワインカスクブレンド』もその中の1本。女性ブレンダー、エイミー・ギブソンがブレンディングを担当。『ワインカスク〜』をボトル名とするだけに、仕上げ熟成には複数のワインカスクが使用されていて、基幹モルトは『ローズアイル』、グレーンには『キャメロンブリッジ』などが選定されているとのこと。

　また、タイプフェースの文字が刷り込まれたラベルには、ブレンディングチーム名と、ボトル#（これはWCB2‐‐‐475022）、が印字されていて、いかにもブレンディング実験室用のラベル風が演出されているが、このボトルがシリーズの6番目であることも明記されている。

　色目は深みのある琥珀色、あるいは黒みがかったゴールドと評したい。立ち上がりにはアルコールの揮発感も押し出しもなく、極めてマイルド。ブドウの香りにややオイリーさが混じって爽やかな印象。

　アロマ以降では、ブドウの酸味にアイリッシュクリーミーバターを溶かし込んだような滑らかさが舌に絡む。直後に一瞬、微細なブリニーさも顔を出して味わいに立体感を添える。続いて（ワインではなく）ラム酒を口に含んだような刺激感と甘さ、カカオビーンズ様の焦げ感が一体となった不思議な感覚は、積層感のないシンプルな味わいながら、その正体が見えてこない。

　複数のワインカスク仕上げというだけにバニラもビターも渋味も薄く、そのシンプルな味わいはかなり印象的だ。フィニッシュにはラム酒様のアルコール感と甘さが顔を出してやや長め。そして最後の最後にごく控えめながら、スモーキーさも軽く鼻に抜ける。

　ストレートに留めるつもりだったが、思い立ってロックを試すと、酸味はストレートよりも強めで、ブドウにライムを絞ったような印象。フィニッシュで初めてビターが顔を出す！ しかし、味わいは薄まるばかりで、薄いロックが好きな人以外にはお薦めしない。10%以下の加水までが無難な1本と見た。個人的には折を見てリピートしたい1本だ。

JWのブレンド実験室から生み出された変化球の第1弾。

ピーティ
PEATY
ピート / 薬品 / 樹脂

シリアル
CEREAL
マッシュ / モルト /
焦げた匂い

パンジェント
PUNGENT
つんと来る / 熱い /
ちくちく

アルデヒディック
ALDEHYDIC
刈られた草 /
バニラ/グリセリン

ビター
BITTER
苦い / 塩 /
土臭い

スイート
SWEET
蜂蜜 / バニラ / グリセリン

オイル
OIL
ナッツ / バター / 脂肪

ウッディー
WOODY
新木の香り / フルーツ

ジョニーウォーカー ブレンダーズバッチ
トリプルグレーン アメリカンオーク 10年

JOHNNIE WALKER BLENDER'S BATCH TRIPLE GRAIN AMERICAN OAK 10YEARS

[700ml 41.3%]

BOTTLE IMPRESSION

　「ブレンダーズバッチ」シリーズは、そのボトル内容によって仕向け地が変えられていて、この『トリプルグレーン アメリカンオーク 10年』はシリーズ＃3。日本向けなことは確かだが、日本限定かどうかは不明。

　トリプルグレーンとは小麦、大麦、コーンの3種の穀物を指していて、アメリカンオーク、つまりバーボンカスクで10年熟成された原酒をブレンドしているという触れ込みだ。しかし、実のところ私には3（トリプル）グレーンの意味が曖昧なままだ。私的には、コーンや小麦はそのままグレーン原酒の原料だから、（珍しいが）この2種類のみの原料で造られたグレーン原酒と、大麦（麦芽）を原料とした一般的なモルトをブレンドしたウィスキーと私は勝手に理解している。

　タンブラーに注いでみると色目は中庸なゴールド。立ち上がる香りはアルコールっぽさが主体だが押し出し、揮発感、刺激感ともに薄く、アロマになるとピーティさが鼻に抜けてバニラ、洋梨様の薄い甘さにアルコールの辛味が絡んで分厚い。その後一瞬、ゴム臭を感じるがすぐにカラメル様の甘さに小粒なリンゴ様の酸味が乗る。が、焦げ感、コクは少ない。フィニッシュはぶ厚いバニラと強めのビターとアルコールの辛味のハーモニーが長い。

　総じて『黒』ほどのピーティ感も華やかさもなく、モルトよりも（2種混合の）グレーンが勝って地味な印象。とはいえ、基幹モルトはジョニーウォーカーではお馴染みの『カーデュー』、『モートラック』の10年熟成が選ばれているとのことで、素性的には何の破綻もないはずだが、アメリカンオーク特有のエステリックな感じも薄い。が、味わいはバニラとビターがしっかりと濃く、何か不思議な印象。どうしてこれが日本向けとなったのかが理解不能。個性の突出を嫌う日本人ドリンカーにピンポイントで的を絞ったのか？

「3種の穀物」から生まれた変化球ボトルは、自信の年数表示！

ピーティ
PEATY
ピート / 薬品 / 樹脂

シリアル
CEREAL
マッシュ / モルト / 焦げた匂い

パンジェント
PUNGENT
つんと来る / 熱い / ちくちく

アルデヒディック
ALDEHYDIC
刈られた草 / バニラ/グリセリン

ビター
BITTER
苦い / 塩 / 土臭い

スイート
SWEET
蜂蜜 / バニラ / グリセリン

オイル
OIL
ナッツ / バター / 脂肪

ウッディー
WOODY
新木の香り / フルーツ

アイラミスト ピーテッドリザーブ
ISLAY MIST
PEATED RESERVE

[700ml 40%]

まず、基幹に『ラフロイグ』ありきのアイラ礼賛の1本！

BOTTLE IMPRESSION

　以前1本飲んだ経験で印象を語ったが、今回はそのリピート。"アイラ島の霧"というネーミングの通り、『ラフロイグ』をブレンドの根幹に、スペイサイドの幾つかのモルトとグレーンをブレンドして、"アイラ志向"にきっちりと的を絞ったブレンデッドだ。ボトルのネックはバルジ型ポットスチルのネックを象ったもので、外観からもそのコンセプトにブレがない印象。まず、第1に味気のないアルミキャップではなく、きちんとしたコルクキャップに鉛の帯封という体裁で格式を表現している点も変わりがない。そしてタンブラーに鼻を近づけた瞬間から、あの独特のスモーキーでヨードっ気のある香りに感じる"頑固一点張り"には、ある種の安心感さえ伝わる。『ラフロイグ』はピーティさを最大の特徴としているが、『ラフロイグ』の場合、ピーティという表現には単に煙っぽい、燻製っぽいという意味の"スモーキー"とは一味違う、独特のフェノール臭とヨード系の入り混じった香り（臭いといった方が的確か？）が含まれる。通常、泥炭（ピート）は土壌のコケや微生物の屍骸が堆積した大地の香り、太古の記憶のような要素が渾然一体となっているのだが、『ラフロイグ』の場合は、これに腐敗した海藻だの魚、干からびた魚皮、その他海に漂う浮遊物（ゴミ）が織り成す潮の引いた磯に漂う臭さなどが加わって、一種独特だ。この『ラフロイグ』がどれだけ表現されているのかが、このボトルの生命線だが、結論からいうと、あの取っ付き難いアイラの"クセ酒"にスペイサイドモルトをヴァッティング。アクの強さを力ずくでねじ伏せて、ソフィスティケートした印象。同時にスペイサイドモルトの甘くたおやかなDNAもきっちりと存在感を主張していて、気合の抜け切ったソフト一点張りのその辺のスコッチとはボディの厚み共々、一線を画していて、多彩な表情を見せる剛健なブレンデッドに仕上がっている。

　酒色はかなり濃い目の琥珀だが、『ラフロイグ』単体ではそっけないほどの浅いゴールドだから、これに、カラメル着色を大盤振る舞いした印象を受ける。色目とは直接関係ないのだが、カラメル様の甘さが、柑橘系果実のフルーティでビター感のある甘さに混濁しているので、このカラメルの添加の影響まで疑ってしまいたくなる。アロマ以降ではハチミツ様の滑らかなモルティ感が、シトラス系にレーズンが混じったフルーティな味わいに拮抗してバランス感が心地よい。これに前述のピーティさが終始絡んで、バニラ、ビター、渋味が入り混じり、最後にピーティさが鼻に抜けるフィニッシュまで途切れることはない。フィニッシュの長さは中庸だが、甘さは最後の最後まで持続する。また、多少の加水でシトラス（柑橘）感と甘さが再浮上してくる印象を受けたが、多少の加水では味わいのバランスもボディの厚みも何ら破綻はきたさない強靭さも覗える。ブレンデッドはどうも…といって敬遠しがちなシングルモルト信者の方々にも、この分厚い押しの強さを1度お試し願いたいものである。ちなみにこのボトルはシリーズ4本中、上から2番目のランクである。私的な感想をもう一言加えるならば、毎夜でも歓迎すべき1本だ！

アイラミスト 8年
ISLAY MIST 8YEARS

[700ml 40%]

BOTTLE IMPRESSION

『アイラミスト』のシリーズ4ボトルの内この『8年』は、最もベーシックなお試し価格の付けられたエントリーボトル。しかし、『アイラミスト』として最も重要視したい『ラフロイグ』ベースというコンセプトに破綻はないからお試しいただく価値はある。ブレンドとリリースはグラスゴーのボトラーズ会社マクダフ・インターナショナルである。

このボトルシリーズそもそもの発端は、アイラ島の大地主マルガデイル卿が、息子の成人を祝うパーティに出す酒を地元の『ラフロイグ』蒸溜所に依頼して調整してもらったことに始まる。コンセプトは個性の強いアイラの酒を、様々な来客の口に合うように、マイルドに変貌させること。で、出来た酒がこのシリーズの大元というわけだ。そしてこの『8年』は、『17年』、『ピーテッドリザーブ』、『デラックス』と続くシリーズ中、最もベーシックなボトルである。

酒色は中庸な琥珀色。タンブラーからの立ち上がりにはそれとわかるほどのアルコールの揮発感はなく、押し出しも弱い。しかし、口に含んだ瞬間から、ヨードっぽさを含んだピーティさが鼻に抜けて、フルーティな甘い香りの口中への拡散を阻害する。この甘さはスペイサイドのDNAであろうことは容易に判断がつくが、ピーティさに対抗して意外なほど存在感を主張している。

味わいはこれらのフルーティさにバニラと渋味がよく絡んで心地よく、フィニッシュの酸味と、バニラの熟成香、最後にピーティさとアルコールの辛みが現れるまで、この心地良さは持続する。

この『8年』に先立って試飲した『ピーテッドリザーブ』と比較しても、コンセプトは明快で全くブレはない。ただ、アルコールの刺激感、ピーティさ、スモーキー感がかなりソフトになって、甘さも控え目になった印象。そしてその分、味わいも薄れてはいるが、加水なしでも、ブレンドされたスペイサイドの『グレングラント』、『ザ・グレンリベット』に由来するであろうフルーティな甘さは充分以上に表現されていることが覗える。もちろん、『ラフロイグ』のバーボンカスク由来のバニラ香が絡んだDNAも濃厚である。

アイラウィスキーの味わいを手っ取り早く試すには恰好の存在であり、コストパフォーマンスに秀でた1本と評しておこう。

アイラの個性を手っ取り早く理解するエントリーボトル。

ピーティ
PEATY
ピート / 薬品 / 樹脂

シリアル
CEREAL
マッシュ / モルト / 焦げた匂い

パンジェント
PUNGENT
つんと来る / 熱い / ちくちく

アルデヒディック
ALDEHYDIC
刈られた草 / バニラ / グリセリン

ビター
BITTER
苦い / 塩 / 土臭い

スイート
SWEET
蜂蜜 / バニラ / グリセリン

オイル
OIL
ナッツ / バター / 脂肪

ウッディー
WOODY
新木の香り / フルーツ

ウィンチェスター
WINCHESTER

［ 700ml 40% ］

BOTTLE IMPRESSION

『ウィンチェスター』ウィスキーといえば、通常は66度以上もあるストロングバーボンを思い浮かべてしまうが、これはスコッチ。純正のスコッチである。

しかし、プロデュースするのは「La Martiniquaise」というフランス資本の会社。多少うさん臭さを感じつつグラスを傾ければ、私の身の丈にはジャストマッチの安スコッチ。同価格帯の国産ボトルの醸し出す"工業用アルコール"チックな無機質さはなく、香味、雑味もちゃんと備わった正真正銘のスコッチである。

基幹モルトは『グレンマレイ』をキーとしてスペイサイドモルトがブレンドされているとのことで、本能的に基幹モルトの素性を嗅ぎ出そうとするが、アルコールの揮発感、押し出しともに微弱。アルコール臭くもないのだが、一向に香りは立ち上がらない。

アロマではアルコールのピリピリとした辛味と、チョコレート、ビター、バニラ、そして少々の渋み。酸味に関してはドライフルーツ様の甘さと絡むが香りは薄弱で辛味が中核となった印象。5%ほどの加水をしても、味わい、香りともに解けてはこず、薄まるだけで逆に後退。かなり単純に砂糖っぽさが浮き立って品がイマイチ。フィニッシュは意外にも甘さにビターが絡んで長い。

総じて味わいの積層感とボディは薄く、単純でわかり易いがストレート限定としたい1本。ちょっとネガティブな印象となったが、味わいは日本メーカー（あえて国産とは呼ばない）の同価格帯と比して、無機質な感じはなく、立派にウィスキーであり、雑味も香味も備わったスコッチである。1,000円未満で買える有難みを享受したい。

ピーティ
PEATY
ピート / 薬品 / 樹脂

パンジェント
PUNGENT
つんと来る / 熱い / ちくちく

シリアル
CEREAL
マッシュ / モルト / 焦げた匂い

ビター
BITTER
苦い / 塩 / 土臭い

アルデヒディック
ALDEHYDIC
刈られた草 / バニラ / グリセリン

オイル
OIL
ナッツ / バター / 脂肪

スイート
SWEET
蜂蜜 / バニラ / グリセリン

ウッディー
WOODY
新木の香り / フルーツ

オールドパース ブレンデッドモルト
OLD PERTH BLENDED MALT

[700ml 43%]

BOTTLE IMPRESSION

　現在はモリソン＆マッカイ社がリリースするブレンデッド（ヴァッテッド）モルトのシリーズの1本。『Old Perth』ブランドは元々、1900年代の初頭、『マッカラン』蒸溜所とつながりの深かったパース市の雑貨・食料品を扱うトムソンファミリーによって設立されたブランドで、スコットランドのホテル、バーを対象に販売を行なっていた。が、1970年には経営合理化の一環でブランドは消滅。ブランドが再興されたのは2013年と新しく、その新事業主がモリソン＆マッカイ社である。

　現在の主なラインナップは『シェリーカスク』と『ピーティ』、そしてこの『ブレンデッドモルト』の3本立て。いずれもモルトウィスキーである。

　タンブラー越しの色目は輝きのある淡いゴールド。『モートラック』、『オルトモア』、『トマーティン』のバーボンカスク、『ベン・ネヴィス』のシェリーカスクが基幹となって、当たり前なようだが極めてモルトらしい雰囲気に溢れた1本。

　初っ端のアルコールの揮発感は弱く、押し出しは柔らかい。重厚なスモーキーさとともに、バーボンカスクならではのバニラが香り、レモン、若いリンゴ様のフレッシュな酸味と、穀物様のほのぼのとした甘さがモルトらしいアロマを演出する。甘さにはトッフィ様のコクがあって、フィニッシュに向かっては、一瞬、ブリニー（しょっぱさ）も横切る。スモーキーさにはヨード系の要素は感じられないが、牧草小屋の中のような乾いた草いきれがあって、どこか牧歌的な印象。フィニッシュはバニラが絡んだ甘さに多少のビターが乗って長い。多少の加水では、砂糖菓子のような甘さが浮き上がり、フィニッシュのいよいよ最後に渋さが顔を出す。

　バーボンカスク、シェリーカスクモルトのブレンドだが、ゴム臭はなく、バーボン優勢、シェリーカスク微小の1本。

ピーティ
PEATY
ピート / 薬品 / 樹脂

パンジェント
PUNGENT
つんと来る / 熱い / ちくちく

ビター
BITTER
苦い / 塩 / 土臭い

オイル
OIL
ナッツ / バター / 脂肪

ウッディー
WOODY
新木の香り / フルーツ

スイート
SWEET
蜂蜜 / バニラ / グリセリン

アルデヒディック
ALDEHYDIC
刈られた草 / バニラ / グリセリン

シリアル
CEREAL
マッシュ / モルト / 焦げた匂い

　"ヴァッテッドモルト"、つまりブレンドされた「100％モルト」。

リチャードソン
RICHARDSON

[700ml 40%]

BOTTLE IMPRESSION

　主に3年（以下はない）もののスペイサイド産モルトを基幹としたブレンデッド。という触れ込みで、この点『ウィンチェスター』と被る1本。酒色は極標準的な琥珀色。熟成年からすると濃い目でカラメル着色ありと見た。

　タンブラーからの立ち上がりは極めてシンプルにアルコール感のみ。それも揮発感、押し出しともに薄弱でパワフルさは皆無！　アロマでは渋みを伴ったゴム臭の後にナッツ様のオイリーさと干しブドウとカラメル様の甘さが僅かなコクを伴ってやってくる。酸味はこれらの味わいとは分離している印象。甘さの正体は私には嗅ぎ出し不能。アルコールのピリピリ感も薄い。

　氷水（氷は入れない）を5〜10％以内で加水すると味わいは薄まってしまうが、ラム樽系のような味わいにチョコレートが乗って飲みやすい。そして後からサルファ系（硫黄）が続く。ゴムやら硫黄やらが混じってくることからシェリーカスクが思い浮かぶが、全体に薄く、華やかさには結びつかないのが残念だ。そしてフィニッシュにはゴム系やサルファも絡んで砂糖の甘さが浮き立つ。そしてこの一瞬、底に潜んでいたスモーキーさが軽く鼻に抜ける。

　いわゆる1,000円スコッチではあるが、日本産の同グレードボトルよりは数段マシな芳醇さはあって、「選択を誤ったかな？」とはならない。コストパフォーマンスでいえば大差で『リチャードソン』となる。しかし、私の場合、あまりにも『ティーチャーズ』と『ホワイトホース』の出来が良すぎ、と感じてしまうので…。

オールド セントアンドリュース
OLD ST. ANDREWS

[700ml 40%]

BOTTLE IMPRESSION

　「ゴルフの聖地」と謳われるくらいだから、多分!?　世界で最も伝統と格式あるゴルフコースであろう「セントアンドリュース」の名を冠したブレンディッドウィスキーがこれ。その名前の通り、ここのオールドコースのクラブハウスのオリジナルブレンドというのがキャッチフレーズとなっている。

　意地悪く見れば、その真偽は不明であるが、ボトルのシェイプを見てほしい。まんま、ゴルフボールであって、ディンプルもそれらしく入っている。ま、味わいはひとまず置いて、ゴルフ好きの友人、知人のギフト用ならば（喜ばれるかどうかは別として）、珍しがられることはまず間違いのない1本。

　色目は中庸な琥珀色。アルコールの揮発感がやや鼻を刺激するが、アルコール臭くはなく、樽香に温かみがあって柔らかい。バニラとビターと渋味が同時に口中に広がって、すぐに渋味が勝る。ドライフルーツ様の酸味と、どこか人工的な甘味はあるが、積層感のないシンプルな味わいで総じて華やかさに欠ける。これはやはり、セントアンドリュースのクラブハウスで、その場のセレブな雰囲気と共に味わって、初めてプレミアムとなり得るウィスキーであろう。加水を10%近くまでしてみると、焦げ感皆無な砂糖菓子のような甘さが突出。そして、渋味は後退してビターに変わる。あ、スモーキーさは「スコッチと謳っているからには…」という程度に添えられている。総じて癖がなく、スコッチファン以外にも幅広く受け入れられそうだが、コアなファンにはお薦めはしない。が、単に個性不足というだけで味わいに破綻はないから、ま、味わいよりもその存在感を有り難いと受け取るべき1本と言うべきか。しかし、腐っても鯛!　純正のスコッチであります。そして特上の雰囲気も!

（レーダーチャート）

ピーティ
PEATY
ピート / 薬品 / 樹脂

シリアル
CEREAL
マッシュ / モルト / 焦げた匂い

パンジェント
PUNGENT
つんと来る / 熱い / ちくちく

アルデヒディック
ALDEHYDIC
刈られた草 / バニラ / グリセリン

ビター
BITTER
苦い / 塩 / 土臭い

スイート
SWEET
蜂蜜 / バニラ / グリセリン

オイル
OIL
ナッツ / バター / 脂肪

ウッディー
WOODY
新木の香り / フルーツ

ゴルファー憧れのネーミング。ボトルデザインだけでも存在感あり！

SCOTCH WHISKY
WHO'S WHO

スコッチウィスキー紳士録

　本書の著者である和智英樹と高橋矩彦の両名が2015年12月に上梓した『スコッチウィスキー　迷宮への招待』では、我々のような市井の飲み手へ常に良質なスコッチウィスキーを供給し、またスコッチウィスキー入門者にも広く門戸を開けてその魅力を伝えるべく尽力する、国内屈指のインポーター並びに酒販店の方々にインタビューを行なった。その時期は、奇しくも世界的なウィスキーブームが芽吹き始めた時期であった。そして5年近くの年月が経ち、スコッチウィスキーを取り巻く情勢は、市井の飲み手にもその変化の一片が感じられる程に変貌した。そこで改めて、常日頃からスコッチウィスキーに深く関わっているプロの方々に現在のスコッチの状況と、本書の読者にお薦めする「ボトル5本」とそのコメントを伺った。

　※編集部注：以降に掲載するインタビュー記事は、2019年初頭に取材した内容をまとめたものです。本書籍発行時には情報や情勢が変化し、ボトルは終売している可能性があることをご了承ください。

LIQUOR SHOP
M's Tasting Room

インポーターにして酒類卸販売の大手、スコッチモルト販売㈱が運営する
webショップ「saketry」の実店舗としてオープンした、購入前にテイ
スティングが可能なショップが「M's Tasting Room」である。

M's Tasting Room ／店長
吉村 宗之氏

ウィスキー専門誌「THE WHISIKY WORLD」の発足メンバーとして活躍。ウィスキー関連のイベントでは講師、アドバイザーを務める。M's Tasting Roomでは店長を務め、幅広い層のドリンカーから支持を集める。

編集部　最近のスコッチウィスキーを取り巻く状況は、どのような感じでしょうか？

吉村宗之氏 (以降敬称略)　世界的なウィスキーブームということもあり、スコッチウィスキーもその例に漏れず売れています。蒸溜所の数は微増状態で、これまでは110〜120くらいの蒸溜所がコンスタントに続いていたのですが、現在は140〜150くらいに増えているのではないでしょうか。

編集部　ということは、まだまだ需要が増しているということでしょうか？

吉村　そうですね。ただ、新しい蒸溜所というのはクラフト蒸溜所が多くて、資金的に苦しくなって途中で頓挫してしまうところもあります。

編集部　日本国内の需要も、数年前と比べて増えていますか？

吉村　はい。ハイボールブームでウィスキーに火が着いて、ドラマの「マッサン」が追い風になったという感じでしょうか。

編集部　ということは、その時に飲み始めたという方が定着したのでしょうか？

吉村　統計的にはそう見えますが、爆発的なブームにまではなっていないでしょう。

編集部　このような深みのあるショップにも時間に関係なくお客さんがみえますが、そういった方もだんだんと増えていますか？

吉村　オープンした当時は、時間的にバーテンダーの方や業者の方が多いかと想定していたのですが、意外と一般のお客様の方が多いです。「今日は有給が取れたので来ました」など、有り難い限りです。

編集部　そのようなお客さんは、ネットなどで情報を得て来るのですか？

吉村　はい。初めてのお客様には「このお店を何でお知りになったのですか？」と一応伺うのですが、ネットでお知りになったというお客様が多いです。

編集部　お客さんの男女比や年齢層はどのようなものでしょうか。

吉村　男女比は男性の方が多く、7：3くらいでしょうか。年齢は幅広く、あまり若い方はいらっしゃいませんが、30代、40代、50代という感じでしょうか。

編集部　来店したお客さんは、実際にテイスティングをされる方が多いのですか？

吉村　そうですね。テイスティングできることが当店の売りなので、いくつか飲んでいただいて、気に入ったものを買っていただくというのが理想的なパターンなのですが、試飲だけしてお帰りになるお客様もいらっしゃいます。

編集部　このお店は、どのような考えで立ち上げたのでしょうか？

吉村　このお店ができる以前に、試飲ができるネットショップ（編集部注：20mlのテイスティング用ミニボトルを販売）をスコッチモルト販売が立ち上げており、その実店舗という感じで始まりました。

編集部　吉村さんに白羽の矢が立ったのは、どのような経緯でしょうか？

吉村　スコッチモルト販売のリーダー的な立場の方と以前よりお付き合いさせていただいており、「こういう話があるのですが、どうですか」とオファーをいただき、「面白そうですね」ということで参画させていただいた形です。

編集部　こちらは開店からどのくらい経ちましたか?

吉村　2019年の7月15日でちょうど丸3年です。

編集部　当初の想定通りに営業されていますか?

吉村　ひとつ思うのは、「置いてあるお酒を循環させないと飽きられてしまう」ということです。最初の頃からよく来てくださった方も、常に同じお酒しか置いていないと来る気が失せてしまうような感じがします。

編集部　それは大変ですね。

吉村　はい。ただ、毎月新商品を出しますので、それを目当てに来てくださるお客様もいます。一通り飲んでいただいて、買うか買わないかはまた別の話ですが。

編集部　スタンダードな商品ばかりでは飽きてしまうお客さんが多いということですね。

吉村　そうですね。他の酒屋さんと同じような商品ばかりでは、ここまで足を運んでいただく意味がありませんから、それなりの特色を保っていかなければなりません。そういった理由もあって、オリジナルのブレンデッドウィスキーなどもお出ししています。

編集部　そちらの評判はいかがですか?

吉村　おかげさまでご好評いただき、大体売り切れています。

編集部　お客様は個人の方が多いのですか?

吉村　個人のお客様が多いです。個人と業者で7：3といったところでしょうか。

編集部　お客さんは、遠くになるとどの辺りから来られますか?

吉村　九州から北海道まで、全国からいらっしゃっています。ネットの情報というのはすごいものですね。「ようやく来れました」などと言っていただけると、本当にありがたいと感じます。

編集部　通販をしていない訳でもないのに、来店されるのですね。

吉村　はい。ただ、わざわざ足を運んでくださるお客様のことを考え、ネットショップよりは少々購入しやすい価格を設定しています。同じ価格でしたら、ネットで購入する方が早いですし。ネットでも試飲はできますが、試飲して美味しいと思ったらすぐに購入できることも、当店のメリットになっています。

編集部　吉村さんのテイスティングノートは評価が高いのですが、どのように研鑽を積まれたのですか?

吉村　私にテイスティングの先生はいなくて、我流です。私がテイスティングを始めた当時は、テイスティン

ビギナーからベテランまで、幅広い層のお客さんに人気のオリジナルブレンデッド。吉村氏が飲みやすさを考慮してブレンドしたこのスコッチも、試飲の後に量り売りで購入できる。

WOLFBURN NORTHLAND
ウルフバーン ノースランド

2013年に再稼働を始めた、スコットランド本島最北端の街サーソーにあるウルフバーン蒸溜所のボトル。アイラ産のセカンドフィル・クォーターカスクで熟成され、ノンチルフィルタードでボトリング。樽由来の微かなピート香と、果実やモルトの香りが感じられるバランスの取れた1本。
700ml 46% 参考小売価格＝7,018円（税込）

The COOPERS CHOICE BOWMORE 14YEARS
ザ・クーパーズチョイス ボウモア 14年

グラスゴーのボトラー、ザ・ヴィンテージ・モルト・ウィスキー社を代表するブランド、「ザ・クーパーズチョイス」シリーズ。2002年に蒸溜、バーボンカスク熟成で2017年にボトリングされた1本。潮の香り、海藻、スモーキー。ミディアムボディでシロップ、フルーティさ。オレンジピール、バニラ。
700ml 46% 参考小売価格＝13,000円前後（終売）

グと言えばワインのもので、ウィスキーとテイスティングというのは結びつくものではありませんでした。シングルモルトという言葉がまだ普及していない時代だったので、ウィスキーと言えば「叔父さんの酒」「酔うための酒」というイメージしかなかったのです。
編集部　吉村さんはいつ頃からウィスキーのテイスティングを始めたのですか？
吉村　'90年代の初頭だったでしょうかね。
編集部　個人的に始められたのですか？
吉村　個人的にですね。私はもともと酒好きで、いろいろな酒を一通り飲んできて「もう少しグッと来る酒はな

いものか」と思った時にとあるスコッチウィスキーと出会い、それまではスコッチなんて他のスピリッツと同じで、カクテルのベースのひとつくらいな認識しか無かったのですが、あらためて飲むと美味しくて、「これならば一生付き合える酒かな」と改めて深みに嵌ってみようと思いました。
編集部　その当時はご商売ではなく、単なる趣味だったのですか？
吉村　趣味ですね。ですから下積み時代というようなものも無く、本当に趣味が高じて今日に至ったという感じです。

編集部　書かれているテイスティングノートを読むと、すごく複雑なことを書かれていますよね。

吉村　結構悩みましたよ。毎回書くとなると同じような表現しか出てこなくなり、一時は行き詰まったこともあったのですが、その時には語彙を増やすため、いろいろなスパイスや、あまり世の中では受けないような南国系のフルーツなどを沢山試しました。

編集部　ノーズィングに関しては、私は元来鼻が悪いのか、確実なことはあまり書けないのですが…

吉村　先天的なものもあるようですが、訓練によってある程度は上達するようですよ。

編集部　以前、メーカーのブレンダーさんに話を伺ったら、飲まずにノーズィングだけ行なうといった事も言っていましたので。

吉村　飲んでいたら仕事になりませんからね。私の持論としては、ワインと違ってウィスキーは、飲み込んで胃の中に収めてやらないと本当の実力というものが分からないと思います。ウィスキーを口に含んだだけで吐き出すようなテイスティングは、私には違うのではないかと。ですから、テイスティングは1日に6種類くらいが限度で、それ以上となると訳が分からなくなってしまいます。私の持論が正しいかどうかは分かりませんが、ウィスキーは香りよりも味だと思います。味と言っても舌だけでなく、飲み込んだ後に戻ってくる"戻り香"のようなものも含めた味です。

編集部　私も年齢のせいか、最近は飲む量がめっきり減りました。

吉村　私もそうですよ。こんなことを言うのも何ですが、結構肝臓が悲鳴をあげています。病院に行く度に怒られてしまいます。

編集部　でも、テイスティングは仕事ですからね。

吉村　「仕事だから仕方がない」と言い訳をするのですが、「命と仕事とどっちが大事なの!」と怒られてしまうのです。

編集部　話は変わりますが、最近「これは美味い」と思ったスコッチウィスキーはありますか?

吉村　スコッチウィスキー全般の傾向なのですが、'80年代に蒸溜されたウィスキーには意外と美味しいものが少なく、'90年代になるとそれを反省したのか、美味しいものが出始めています。蒸溜所によって、美味しくなったものと美味しくなくなったものと色々あるのですが…。

編集部　それは私も感じています。基幹となるボトルを久しぶりに飲むと、「これはこんな味だったかな?」と

いうことが多々あります。味が落ちたものの名を挙げるのも何ですので、美味しくなったと思う銘柄だけでも教えていただけますか?

吉村　最近のグレンフィディックのオフィシャルボトルの12年は、なかなか美味しいと思います。

編集部　グレンフィディックはヴァルヴェニーと合わせて先日行ってきましたが、確かに味が良くなっていると感じました。あと最近、熟成年数が表示されていないボトルも増えてきましたが、それについてはどのように考えていますか?

吉村　原酒不足で仕方がないのかと思います。ブランデーもそうですが、熟成させないと飲めないお酒の宿命でしょうか。売れているにも関わらず、いつでも12年物などがポンポンと出てきても怪しいので、その辺りは正直で良いのではないでしょうか。

編集部　日本のウィスキーも、熟成年数表示ボトルは軒並み無くなっていますからね。

吉村　特に日本はそうですね。ウィスキーブームになった頃、売れていなかった頃の原酒を出し過ぎてしまったのではないでしょうか。「売れる時に売っておこう」ということでしょうが、ここまで減るとは思ってもいなかったのでしょう。

編集部　ご自身は普段、プライベートではどのようなウィスキーを飲まれていますか?

吉村　私はたくさん飲むため、普段は安価なウィスキーを飲んでいました。キリンの「富士山麓 樽熟50°」を愛飲していたのですが、今月の末（※取材時の2019年3月）で終売となってしまいました。

編集部　でも、落ち着いたらまた出てくるのでしょうね。

吉村　いいえ、安価なイメージを払拭したいのか、「シグニチャーブレンド」という5倍くらいの価格のものが販売されています。

編集部　今はどんな物も、極端に安いものか高いものかの二極化されていますね。ところで、ウィスキーに慣れていないお客さんには、どのようなものをお薦めしますか?

吉村　やはりクセが無いものをお薦めします。度数が高くなくて"スルッ"と入っていき、風味にも強いクセが無いものでしょうか。

編集部　例えるならばブレンデッドのようなものになりそうですが、ブレンデッドは扱っていませんよね?

吉村　ありますよ。

編集部　でもデュワーズは薦めませんよね。

吉村　デュワーズは置いていませんが、私がブレンドし

KUNSYU ISLAY SINGLE MALT
燻酒 アイラ シングルモルト

香り立つ燻香を第一に考えられた、スコッチモルト販売㈱が提案する強烈な個性の1本。厳選したこのアイラ産シングルモルトは、病み付きになるスモーキーフレーバーが最大の特徴。フルボディで甘口、オイリー、スモーキー。ハイボールに最適で、炭酸を入れることでスモーキーな香りがより引き立つ。
700ml 50% 参考小売価格＝6,600円（税込）

THE MALTMAN TOBERMORY 21YEARS
ザ・モルトマン トバモリー 21年

グラスゴーのボトラー、メドウサイドブレンディング社のフラッグシップブランドである「ザ・モルトマン」シリーズ。1995年蒸溜、リフィルホグスヘッド熟成で2017年にボトリングされた21年物。干しあんず、桃、ほのかな潮の香り。ドライいちじくのような甘さとコク。クリーミーかつ香ばしい。
700ml 50.9% 参考小売価格＝16,000円前後（終売）

た樽のものとシーバスリーガルの25年、それとウシュクベーなどは置いてあります。お店にある樽のものを味見したいというお客様には、ブレンデッドからお薦めしています。
編集部　それは飲みやすいブレンドにしているのですか？
吉村　万人受けするよう、比較的飲みやすくしています。私の好みですが、割とフルーティーな方向です。
編集部　フルーティーな方向性で美味しいシングルモルトがあれば、後で飲ませてください。

吉村　はい。極端にフルーティーというものはありませんが、バランスの良いものは取り揃えております。シングルモルトはある程度の個性を主張したもので、それが好きか嫌いかに分かれるので、お客様によって反応は異なりますね。
編集部　好みも変遷しますよね。最初はアイラ系が好きだったものの、飽きたのか一旦は離れ、そしてまた戻ってくることもあります。
吉村　そうですね。昔はシェリー樽で寝かせた濃厚なものが好きだったけど、今はむしろ嫌いというようなお

GLENROTHES 11YEARS
グレンロセス 11年

パースシャーのボトラー、モリソン＆マッカイ社のプレミアム
レンジ「セレブレーション・オブ・ザ・カスク」より、スコッチモル
ト販売㈱が厳選したプライベートボトル。2006年蒸溜、ファー
ストフィルシェリーバット熟成で2017年のボトリング。ブラッ
ドオレンジ、ドライクランベリー、心地よい硫黄。フルーティで
スパイシー。マーマレード、タンニン、チョコレートのほろ苦
さ。ボディは複雑でフィニッシュは暖かい。
700ml 64.9% 参考小売価格＝14,278円（税込）

客様もいらっしゃいます。

編集部 '60年代に蒸溜されたスコッチウィスキーに関
してはいかがでしょうか？

吉村 美味しいものが多いですが、数がありませんし、
あっても非常に高価ですよね。バーで飲んで一杯2万円
とか、ちょっと厳しいですね。

編集部 ああいったものは、今はもう造れないのでしょ
うかね。

吉村 昔のものと今のもので何故味が違うのかという
議論がなされますが、その理由のひとつには酵母の違
いというものがあるようですね。あとは大麦の品種で
しょうか。大麦の品種はコンスタントに改良されている
ようで、その目的は歩留まりや、害虫・冷害に強いなど
の生産性に依り、美味いかどうかは二の次・三の次のよ
うなので、これに"美味しい"という目的が加わればまた
変わってくるのではないでしょうか。

編集部 樽も違うようですね。

吉村 樽も違います。特にシェリー樽などは昔と変わっ
てしまって、今のシェリー樽はウィスキーの熟成用に
造っている樽なのです。シェリーと言われるものを2〜
3年詰め、中身はシェリーとしては出荷されないようで
す。フロアモルティングも現在はごく一部で、大半はモ
ルトスターに依頼しています。少し前は、私は精麦のプ
ロセスが味が変わった原因だと考えていたのですが、
今は何となく酵母の違いだろうと考えています。昔は
ビール酵母を使っていたようで、ビール酵母を使えば
美味しくなるのかは造ってみないと分かりませんが、現
在使っているようなウィスキー酵母は、20世紀の半ばく
らいまでは無かったようですので…。何かネガティブな
ことばかり話してすみません…。

編集部 いえいえ、大変興味深いお話です。それでは、
少し楽しい話題に移りましょう。最近は何か良い動きが
ありましたか？

吉村 そうですね…。あまり良いことも無いんですよね
（笑）。ウィスキーは、かつては「叔父さんの酒」だと言わ
れていましたが、現在は女性も結構お飲みになり、それ
は良い傾向だと思います。いろいろなブームは女性が牽
引していく面がありますので、そういった意味ではウィス
キーブームも、女性にたくさん飲んでいただければもっ
ともっと続くかと思います。ブームが加熱し過ぎると原酒
不足が深刻になるという心配な側面もありますが。

編集部 現在は、ひとつの蒸溜所やメーカーでも、リ
リースするボトルの種類が増えていますね。

吉村 熟成樽を変えたり、使用する麦芽を変えたりして
造り分けていますね。今までは、ピートを炊いたスモー

キーな原酒はアイラ島などの一部の蒸溜所でしか造られていませんでしたが、今はスペイサイドでもハイランドでも、どこでも造っています。そういった意味では、産地ごとの傾向が希薄になってきたため、ちょっと面白みがなくなってきたと感じる面もあります。流行っていると見るや、すぐにそちらへと流されてしまう。それともうひとつは、大手の会社が蒸溜所を買い取ると、買い取った親会社は「造り方に口を出さない」と言いますが、実際は違うと思うのです。やはり効率が悪ければ口を出すと思いますので、そうなるとその蒸溜所が培ってきた味は変わってしまうと思います。

編集部 最近は昔から好きで飲んでいたラフロイグから少し離れていたため、改めてピートが効いたボトルを並べてブラインドテイスティングをしてみたのですが、自分が好んで飲んでいたボトルが分からなくなってしまいまして…。そういったことはありませんか？

吉村 その時の体調とかもありますし、難しいですよね。特に私が扱っているようなボトラーズだと、樽によって随分と違いがありますので、当てるのはなかなか難しいですよね。当たったら小躍りしてしまうくらいです（笑）。

編集部 ボトラーズに関しては、どのようなご意見をお持ちですか？

吉村 色々なことをやってくれるので面白いですよね。飛び抜けて美味しいものもあればそうでないものもあるので、実際に味見をしないことには分かりません。それに比べてオフィシャルは安定して、安心感があります。

編集部 このお店を続けてきた3年間は充実していましたか？

吉村 お客様がいらっしゃるかいらっしゃらないかはその日その日で違いますが、それよりも最近はブレンドすることに喜びを感じています。自分がブレンドしたものを「美味しい」と評価していただけるのが楽しくて仕方ありません。

編集部 本日は大変貴重なお話をありがとうございました。

メジャーなボトルからマニアックなボトルまで、いきなり購入するには躊躇してしまうようなボトルも適価で試飲し、納得の上で購入できる。webショップのsaketryとは異なり、試飲後即購入できるのが実店舗の強みである。

SHOP INFORMATION

LIQUOR SHOP M's Tasting Room

東京都板橋区板橋1-8-4　Tel.03-5944-1033

営業時間　火曜日〜土曜日 13:00〜20:00／日曜日 13:00〜18:00

定休日　月曜日

URL　https://ms-tasting.co.jp/

JAPAN
IMPORT SYSTEM

1956年に設立された、日本における洋酒輸入販売元の草分け的ビッグ
ネーム。著名なボトラーズのマニアックなボトルのみならず、コニャックや
リキュールなど、非常に幅広い種類の洋酒を多数取り扱っている。

株式会社ジャパンインポートシステム／

スピリッツチーム リーダー

野中 健治氏

ゴードン＆マクファイル社に代表される老舗ボトラー
から新興ボトラー、そして新旧蒸溜所と取り引きをし、
実際にテイスティングをした後にリリースするボトルを
決定付けるジャパンインポートシステムのキーマン。

編集部　最近のスコッチウィスキーを取り巻く状況は、
プロの目から見て変化はありますか？

野中健治氏（以降敬称略）　スコッチウィスキーに関し
ては、原酒がとにかく足りない状況です。当たり前のこ
となのですが、スコッチウィスキーは蒸溜されてから商
品化されるまでにとにかく時間がかかるものなので、今
ある原酒しか商品化できません。今売れているからと
いって蒸溜を急いでも、すぐに商品化できる訳ではあり
ません。ただ、最近は熟成年数を謳わないノンエイジ・
ノンビンテージの商品でバランスを取っているところも
あります。

編集部　その理由は何でしょうか？

野中　売れているからだと思います。特に中国や台湾
の方が本当に飲むようになっています。私共はボトラー
ズの、より嗜好性の高い商品も扱っているのですが、そ

ういったものも、日本よりも台湾などのお客様がどんど
ん買われています。実際のところ、価格も日本よりは高
く設定されると思うのですが、それでも売れているよう
です。

編集部　それは、台湾や中国だけでなく、世界的に飲
まれているのですか？

野中　そうですね。ただ世界的な売れ行きを見ると、今
はジャパニーズウィスキーの方が勢いは大きいと思い
ます。

編集部　それは何故でしょうか？

野中　日本のウィスキーが賞を獲ったりなど、認知度が
広まったことでしょうか。メイドインジャパン、日本産と
いうことで脚光を浴びています。

編集部　ジャパニーズウィスキーが脚光を浴びている
のも海外ですか？

野中　海外もそうですが、今は日本でも売れています
ね。以前は普通のスーパーなどでも、国産の名の通った
ウィスキーでも熟成年数が表記されたボトルが並んで
いましたが、今はあっても年数表記が無いものです。そ
ういった流れもあってか、小さい蒸溜所、新しい蒸溜所
が海外の方でも出来ています。スコットランドは今すご
いですね。

編集部　そのような新しい蒸溜所とも、御社はお取り引
きされているのですか？

野中　弊社はハンターレイン社というボトラーズブラン
ドと取り引きをしているのですが、ハンターレイン社が
新しくアードナッホー蒸溜所の稼動を始めました。

編集部　その蒸溜所はどの辺りにあるのですか？

野中　アイラ島です。アイラ島の一番新しい蒸溜所で、
ブナハーブンとカリラの間にあります。去年の秋にウィ
スキーの大きなイベントがあり、その時は蒸溜してまだ
1ヵ月経っていない頃でしたが、ニューポットだけお客
様に試飲して頂きました。

編集部　それは先が楽しみですね。

野中　そうですね。いつ発売するかは決まっていませ
んが、スコッチウィスキーとしては3年経てば販売でき
るので、3年で出すか、やはり8年とか10年くらい待つの
か、その辺りはまだ決まっていません。

編集部　ハンターレイン社がアードナッホー蒸溜所を
立ち上げた際、どのような目標を立てたのですか？

野中　いわゆるクラシックな、「昔ながらのアイラの酒
を復活させる」という目標でした。現在のハンターレイ
ン社はダグラスレイン社と分社した会社で、ダグラスレ
イン社はフレッド・レイン氏とスチュワート・レイン氏の

BENROMACH 10YEARS
ベンロマック 10年

2020年にパッケージが変更となったベンロマック10年。所有者であるゴードン＆マクファイル社が選び抜いた高品質のシェリー樽とバーボン樽で熟成した後、オロロソ・シェリー樽にてフィニッシュ。各バッチの一部を次バッチへ混ぜる「ソレラ方式」で生産することで、ボトリング毎の品質や味わいが一定に保たれている。700ml 43% 参考小売価格＝オープン

DISCOVERY LEDAIG 12YEARS
ディスカバリー レダイグ 12年

ゴードン＆マクファイル社から2018年に新しくリリースされたディスカバリーシリーズ。「バーボン」「スモーキー」「シェリー」という、そのウィスキーの核となる味わいを軸にセレクトされた原酒をボトリング。写真はトバモリー蒸溜所で作られるスモーキーなウィスキー、レダイグの12年熟成品。700ml 43% 参考小売価格＝オープン

ご兄弟の会社でしたが、兄のスチュワート氏がハンターレイン社を立ち上げました。スチュワート氏はもともとアイラ島に縁があり、若い頃にアイラ島の蒸溜所で働いていたという経緯もあります。そこで先を見据え、一旦は売りに出ていた蒸溜所を購入しようとしたこともあったらしいのですが、その頃はウィスキー業界が好況で、価格面で購入できず、縁のあるアイラに蒸溜所を立ち上げたようです。

編集部 現在のアイラ島の動きもすごいですね。先の楽しみは一旦置いて、現在の御社のメイン商品はどのようなものですか？

野中 ボトラーズブランドで言いますと、ゴードン＆マクファイル社です。スペイサイドのベンロマック蒸溜所も、オーナーがゴードン＆マクファイル社ということで

扱っております。あとはキングスバリー、ダグラスレイン、ハンターレインの3社が主力となります。たまには少量、他社の商品や企画商品が入荷することもあるのですが、基本的には今挙げたところです。

編集部 なるほど。ところで、野中さんは家でどのようなお酒を飲まれますか？

野中 割と何でも飲みますよ。ビールとか…。

編集部 それでは、ウィスキーの場合は？

野中 家だとウィスキーはあまり飲まないかもしれませんね。

編集部 仕事になってしまうからですかね。

野中 はい。家ではビールとワインと日本酒と、そんな感じでしょうか。

編集部 何でもいけますね（笑）。会社ではテイスティ

THE EPICUREAN
ザ・エピキュリアン

ダグラスレイン社によるリマーカブルリージョナルモルトシリーズ。ローランドのみのブレンデッドモルトで、使用されているのはオーヘントッシャンとグレンキンチーをメインに、あと1つシークレットモルトが使われている。
700ml 46.2% 参考小売価格＝オープン

TOMINTOUL 16YEARS
トミントール 16年

キングスバリー社によってカスクストレングスでボトリングされたトミントールの1999年ビンテージ、16年熟成品。2018年度版ウィスキーバイブル（ジム・マーレイ著）においてトミントール全18アイテム中、最高点を記録した。花の香りとハーブの風味をまとった名品。
700ml 59% 参考小売価格＝オープン

ングなどをされるのですか？

野中　メインとなるスタッフもいるのですが、高額商品や入荷本数が少ない商品を除いて、出来る限りテイスティングをするようにしています。販売する際に自分の言葉でご説明したいということもありますし、商品開発で樽を購入する際にも現地から送られてきたサンプルをテイスティングして判断します。

編集部　個人的にはどのようなテイストのウィスキーが好みでしょうか？

野中　麦が感じられるような、甘い感じのウィスキーが好みですかね。

編集部　5年前と比較してスコッチウィスキーの景気はいかがでしょう？

野中　私共に関して言えば、出荷量は増えています。ま

た、単価も上がっています。1本あたりの単価は完全に上がっていて、中には10万円以上、20万円以上といった高額なウィスキーも多いです。中にはクルマが買えるような価格のものもありますから…。

編集部　今はどの業界も同じようで、トップレンジとボトムレンジの間が無いような状況みたいですね。

野中　弊社もそうですね。安価なボトルと高額なボトルの間にある、中間のボトルを販売し難いと言いますか…。

編集部　それはどういうことでしょう？

野中　本当に好きな方は、ある程度の金額を出してでも美味しいものを求めますが、そうでもない方は予算を決め、「これだけで一番美味しいものをください」という求め方をするので、中間価格帯の販売がとても難し

ISLAY JOURNEY
アイラジャーニー

ハンターレイン社がリリースするジャーニー・シリーズ。アイラ島の蒸溜所のみで作られた、アイラブレンデッドモルトウィスキーです。使用されているのはアードベッグ、ラガヴーリン、ラフロイグ、ブナハーブン、カリラ。
700ml 46% 参考小売価格＝オープン

いのです。

編集部　御社における中間価格帯とは、大体いくらくらいでしょうか？

野中　小売価格で2万円から3万円くらいでしょうか。

編集部　そうすると、それ以上に高いものが売れたりもするのですか？

野中　本数はやはり出ませんが、他ではなかなか見られないものや熟成年数が長いものなどは、必ず飲んでくださるお客様がいます。ただ、バーなどの業務店のお客様は商売として仕入れて頂いていますので、価格帯による差は特にありません。Webショップも伸びてはいるのですが、やはり小売店さんでは中間価格帯の販売が難しいです。

編集部　このウィスキーブームは続くと見られますか？

野中　何とも言えませんね。'80年代の頭から半ばなどは色々な蒸溜所がバタバタと倒れた時期ですし、歴史をみればウィスキーは、好況期と不況期を繰り返しています。現在増えている蒸溜所もあと数年後には一斉にニューポットなどを出してくるのでしょうけど、どれも高めに価格が設定されています。そういったところで、いろいろな商品が出てきた時にマーケットがどのように受け止めるのか？　いくらウィスキーが好況期だとはいえ、やはり全てが受け入れられることも無いので、どこかは淘汰されていくのではないかと思います。それが新しい蒸溜所か既存の蒸溜所か、そこまでは読めないのですが。

編集部　最近はどこの蒸溜所もあまりに多くのニューボトルを出すので、こちらもついつい買って飲んでしまいます。すると「10年物で充分」といったボトルがほとんどで、味を落とすなら出さないでほしいと思っています。

野中　味が落ちる云々という話は、本当によく耳にします。

編集部　どことは言いづらいですが、明らかに落ちてるなと感じるメーカーはあります。でも初めて飲む方が、それがそのメーカーの味だと思ってしまうのは残念です。味が落ちて値段が上がるのも本当に残念ですね。

野中　はい。日本の場合だと、ずっと昔からシングルモルトが輸入されていて、世界でも最も色々なお酒が輸入されるマーケットなので、価格が徐々に上がってきていることをお客様が肌で感じております。しかし、中国などの新興マーケットはスタート地点が高価格で、昔5千円であったものが今は1万円という訳ではなく、始めから8千円〜9千円で入っているので、その辺りの意識は比較的低いようです。

編集部　お薦めのボトルを5本選んで頂きましたが、何か変わったものはありますか？

野中　入荷前で栓が開いてしまっているのですが、ハンターレイン社の「アイラジャーニー」と言うボトルです。その名の通り、アイラ島のいくつかの蒸溜所のモルトをピックアップしてブレンドしたもので、昔で言うヴァッテッドモルトです。

編集部　アイラのモルトを混ぜたボトルとか、何種類かありますよね。

野中　「ビッグピート」という商品も弊社で取り扱っております。最近はブレンデッドモルトというカテゴリーが増えています。

編集部　最初の頃は「怪しいな」と思っていましたが、

なかなか良いですよね。

野中 そうですね。比較的手頃な価格のものも多いので、良いと思います。

編集部 アイラのお酒をブレンドしたものでも、ピートが効いていないようなテイストのものもありますので、今は本当に多様化していますね。

野中 昔に比べると、アイラ島のウィスキーも最近は皆さん普通に飲まれるようになりました。完全に市民権を得たという感じがします。一般のお客様が多く来場されるウィスキーイベントなどで、手が空いていれば「どのようなウィスキーを飲まれますか?」と訊いてみたりするのですが、男女を問わず結構な確率で「"スモーキー"や"ピーティー"な系統が好きで飲んでいます」という方が多くいらっしゃいます。有料のイベントにいらっしゃるくらいなのでそれなりに飲まれている方ばかりだとは思うのですが、すごくウィスキーに詳しいので「どこかのお店にお勤めですか?」と訊くと、「一般の愛好家です」というようなお話をされることも多いので、徐々にですがウィスキーの裾野が広がっているのだと感じています。

編集部 ウィスキーに関し今現在、御社では何種類くらいの商品を扱っていらっしゃいますか?

野中 150〜200種類ほどの商品を扱っております。

編集部 御社の場合は、小売はされていませんよね。

野中 はい。業者販売が主体で小売はしておりません。基本的には酒販店様のみとなります。時折お客様からお問い合わせを頂くこともあるのですが、その際はお住まいの地域を伺って、お答えできる範囲内でご迷惑のかからない酒販店様をご案内することもあります。

編集部 これまでに伺ったお話以外で、何か大きな変化はありますか?

野中 価格が上がったということでしょうか。ボトラーズブランドへの供給が途絶えそうな蒸溜所もたくさんあります。カリラやブナハーブン辺りは、割と安定してボ

トラーズからも出るのですが、ラフロイグやボウモアはなかなか出ないですし、出たとしても高いですね。ポートエレンなども、閉鎖されたとはいえ昔はそこそこ出ていたのですが、今は本当にピタッと止まりました。アードベッグも然りで、蒸溜所が個々にブランディングするようになったため、外部へはあまり樽を出していないように感じます。

編集部 「儲けるのなら自分のところで」ということでしょうかね (笑)。

野中 樽を出しても蒸溜所名を謳えないという蒸溜所も一定数ありましたが、確かに今は出さないですね。ベンロマックも生産に携わる人間が5人と少なく、生産量も限られるために外にはほぼ出していないと思われます。

編集部 樽に関しては、どこに伺っても「良い樽が無い」という話を伺いますが、ボトラーズの場合にはどのように供給されているのですか?

野中 ボトラーズブランドは基本的に、(原酒が入った) 樽の状態で売買をするのですが、ゴードン&マクファイル社の場合は自ら用意した樽を蒸溜所に持ち込んでいるので、すごくこだわっています。

編集部 用意された樽に蒸溜所が原酒を詰めるのですね。

野中 はい。例えば、シェリー樽に入れると人気が出て売れるのですが、蒸溜所ごとに異なる酒の質を見極め、個々の蒸溜所にとってベストな樽を持ち込むようにしています。また、原酒を詰めた樽全てを自分のところで引き取るのではなく、一部は蒸溜所に預けておく方式も採っています。それがベストだとも言っていて、いたずらに熟成環境を変えるよりは、そのお酒が造られた場所で熟成するのが、お酒にとって良いことだと考えているようです。

編集部 本日は大変興味深いお話をお聞かせいただき、ありがとうございました。

COMPANY INFORMATION

株式会社ジャパンインポートシステム
東京都中央区日本橋本石町4-6-7　Tel.03-3516-0311
URL　https://www.jisys.co.jp/index.html

LIQUORS HASEGAWA

東京駅の八重洲地下街という好立地にて、全国から訪れるウィスキーラバーの欲求を満たす「リカーズハセガワ」。"リカハセさん"の愛称で親しまれる業界屈指の老舗の歴史と、店主がお薦めする5本とは?

LIQUORS HASEGAWA ／
代表取締役社長
大澤 周作氏

高校1年から同店のアルバイトを始め、この道一筋、この店一筋で業界の移り変わりを目の当たりにしてきた、リカーズハセガワの代表取締役社長。顧客のニーズを満たす品揃えとサービスに日々尽力する。

編集部　特徴溢れるこのショップは、いつから続けているのですか？

大澤周作氏（以降敬称略）　創業者が戦後間もなく日本橋近辺で輸入食品の販売を始め、完成した八重洲地下街に下りて今に至りました。

編集部　最初からお酒だけを中心に販売されていたのですか？

大澤　高度成長期にはショットバーや飲食店の他、食料品スーパーもしておりましたが、現在はお酒メインのショップとして営業しております。

編集部　それでは大澤様の経歴を教えてください。

大澤　高校生の時にオフロードバイクが欲しかったので、アルバイトとして入りました。

編集部　バイクは何が欲しかったのですか？

大澤　当時はオフロードが流行っていたので、ヤマハのXTとかだったでしょうか。その後、ヤマハのSRからカワサキのZ1100B2、W3、Z1100A2等々を乗り継ぎました。

編集部　私達と同じような道を歩んでいるようですが、お生まれは何年ですか？

大澤　昭和39年生まれです。

編集部　そうすると我々よりは大分お若いですね。高校時代は何年生からアルバイトをされていたのですか？

大澤　高校1年からアルバイトをしていました。11月生まれなので、満年齢で言ったら15歳の頃からです。それで、大学に入ってもアルバイトとして働いていて、その当時はバブルの頃で就職口もたくさんあり、卒業後もぶらぶらしていたところ、創業者に「社員にならないか？」と誘われて入社しました。

編集部　そうすると、15歳からこの店一筋で、お店のことは全部把握されている訳ですね。

大澤　まあそうなのですが、逆に他所のことは知らない訳です。

編集部　それでは現在のような特徴あるお店になったのは、どういった理由なのでしょうか？

大澤　やはりウィスキーが好きになっていったということでしょうか。最初の頃は未成年でしたが、20代の後半に店長になり、酒の仕入れを任されてさらに仕事に興味を持ちました。

編集部　品揃えは、始めの頃からこのようなバリエーションがあったのですか？

大澤　先輩方諸氏のご苦労は分からないのですが、時代の流れみたいなものがあり、ウィスキーの種類を増やすことは大変でした。今でこそ、オフィシャルボトルは「10年」「12年」と当たり前に流通していますが、最初の頃は本当にごく限られたものしかなく、当時から並行輸入はあったものの、アイテムを増やすことは大変でした。今のようにサンプルなども無く、情報もほとんど無かったので、見たこともないボトルを注文していたような時期もありました。

編集部　そうすると、お客さんはどのような反応をされていましたか？

大澤　その当時は、飲食店関係やバーのお客様に詳しい方がおられ、逆に情報を頂いたりもしていました。今考えると、お客様に教えられて店が成長していったという面もあるでしょうか。

編集部　ここは銀座という繁華街も近いため、そういっ

SMOKEHEAD HIGH VOLTAGE
スモークヘッド ハイボルテージ

イアン・マクロード社のボトリングで、蒸溜所名は未発表。名前の通りスモーキー、ピーティーでハイボルテージだが、丸く厚みがあり、全体的に豊かさを感じます。
700ml 58% 参考小売価格＝6,880円（税込）

GLENFARCLAS 21YEARS
グレンファークラス 21年

肩肘を張らずに楽しめるウィスキーのひとつ。熟した果実、シェリー樽由来の風味、オークのニュアンスがバランス良く調和し、優雅で落ち着きを得る味わいは、グラント家の伝統を感じると共に5代目のJOHN LS GRANTさんの佇まいを連想します。
700ml 43% 参考小売価格＝9,800円（税込）

たところも関係していたのですか？
大澤 銀座には色々なお店があり、近いがゆえの恩恵があり感謝しています。当時は本当にアイテムが少ない状況でしたので、お客様も色々と探し求めているような状態でした。
編集部 その当時は、国産と輸入物の比率はどのような感じでしたか？
大澤 国産と言っても、その当時はそれほど凝った商品は無かったように思います。時系列で遡るとあやふやなのですが、とにかく2級ウィスキーが数多く売れたことが印象に残っています。「ボストンクラブ」のような安いウィスキーが、個人のお客様にも箱で飛ぶように売れていた時代でした。強いウィスキーを飲むという需要が、潜在的に昔からあったのでしょうね。

編集部 特級ウィスキーはいかがでしたか？
大澤 特級はまだ、その当時は高かったですね。私が働き始めた頃はロイヤルサルートが40,000円くらいで、ジョニ黒が12,000〜13,000円という時代でしたが、ジョニ黒なんかは当時よく売れていました。モルトウィスキーに関しては、グレンフィディックやグレンリベットはありましたが、それ以外のものはほとんどありませんでした。話が前後するかもしれませんが、大学生の頃に円高還元などの流れで輸入酒が安くなり、初の東京サミット開催やサッチャー首相の来日、関税廃止、好況などが、ウィスキーがたくさん輸入されるきっかけになったのでしょうね。
編集部 その頃から売上は急激に上がりましたか？
大澤 商品の単価は下がりましたが、それ以上に市場

GLEN KEITH 20YEARS
グレンキース 20年

味が良くリーズナブルな価格のボトルが多い、シグナトリー社のアンチルフィルタード・シリーズのグレンキース。桃のような果実をともなう柔らかなタッチの優しい味わいに、1日の疲れが癒されます。
700ml 46% 参考小売価格＝9,980円（税込／終売）

GLENMORANGIE 18YEARS
グレンモーレンジィ 18年

バーボン樽とシェリー樽の特徴が見事に調和、甘い果実や花の香りを纏う濃厚な味わい。入手もしやすく誰にでも受け入れられるテイストなので、ギフトとしてもお薦めです。
700ml 43% 参考小売価格＝11,800円（税込）

の成長率が上がりました。しかし、その当時は今のような"好み"は関係なく、例えばダンヒルのブレンデッドウィスキーがあったりとか、ブランド優先という面がありました。そのような状況がバブル崩壊に伴って頭打ちとなり、「この先どうしよう？」というところで現在のような形態にシフトしていったのかもしれません。

編集部 差別化を図るためのシフトですね。'80年代頃の停滞期は、どのようにされていたのですか？

大澤 やはり厳しかったですよ。2014年の「マッサン」放送前までは、大分厳しかったと思います。

編集部 こちらのお店では、購入前のボトル・テイスティングを実施されていますが、どのようなきっかけで始められたのですか？

大澤 ひとつには、我々も味わってみたいということがあ

ります。今でこそサンプルがあって、それを飲んでから購入するのが当たり前となっていますが、当時はそんなのが無くて、勘で購入するしかありませんでしたから。

編集部 お客さんにとっては嬉しいですよね。

大澤 そうですね。自分もそうですけど、1万円でも2万円でも、ちょっとした額のウィスキーを購入するにあたり失敗したくありませんよね。ご自分の好みにあった味のものを購入していただけるので、より満足していただけると思います。

編集部 一日に何人程度のお客さんが試飲されますか？

大澤 多い時は200杯位は出ます。始めた頃は制限を設けなかったため、お客様にも当店にも都合が良くない事態もあったので、現在は1グループにつき5種類ま

FOUNDERS RESERVE 10YEARS
ファウンダーズリザーブ 10年

アイラ、スペイサイド、ハイランドの異なる3つのモルトがバランス良く配されたブレンデッドモルト。樽はシェリー樽、バーボン樽、マディラ樽が使われていて、特にマディラ樽が全体のキーとなり、はちみつのような味わいを持つ芳醇なウィスキーです。700ml 54.8% 9,900円（税込）

でと決めさせていただきました。その代わり、できるだけお安く提供するようにしています。

編集部　私もはじめに来た時、あまりに安いのでお願いしづらかったのですが、気軽にお願いしても良いのですね。

大澤　はい。お試しいただきたいボトルがあればお気軽にご注文ください。それと、成長してきたネット通販ではできない事として、お店に足を運んでいただくという狙いもありました。最近ではネット通販でも試飲用のミニボトルセットを売り出し、海外でも同じようなことをやっていますので、試飲してから購入する流れになってきているのかなとも思います。

編集部　東京駅八重洲地下街と言うのは、地方の方が好みのウィスキーを買って帰るには最高の立地ですね。

大澤　そうですね。ただ立地が良い分、コストも高いですが…。

編集部　それでは、大澤さんのお薦めのボトルを5本ほど教えてもらえますか。

大澤　お店のスタイルとして、シングルモルトウィスキーでも割とレア物と言われる物を揃えておりますが、お客様に手頃な価格で繰り返し飲んで頂けるボトルを選択します。

編集部　家庭ではどのようなお酒を飲んでいらっしゃいますか。

大澤　やはりウィスキーが多いのではないでしょうか。軽く飲みたいときはハイボール、しっかり飲みたいときはストレートです。

編集部　現在、スタッフの方は何人いらっしゃいますか?

大澤　本店、北店の2店舗合わせて12人です。1月1日のみ休業して、あとは毎日営業しています。

編集部　現在は何種類位の商品を扱っていますか?

大澤　細かい食品なども入れれば、店全体で3,000点位でしょうか。スコッチウィスキーだけでは700～800点はあります。ただ、現在は数を揃えれば良いという時代ではありませんので、アイテム数を絞るのに苦労しています。種類、品数があれば売れるという時代ではなく、お客様が買ってご満足いただけるものを全体の中から選ばなければなりません。

編集部　スコッチウィスキーの動きはいかがですか?

大澤　リクエストが多いのはアイラ系で、ボトルもお薦めしやすく良く売れています。スペイサイド系は、試飲していただいてその奥深さをご理解いただいたお客様

が購入されます。

編集部 最近は熟成年数非表示のボトルが増えていますが、これについてはどのようにお考えでしょうか?

大澤 価格も手頃になりますし、基本的には良いアイディアだと思います。同じ熟成年数非表示のボトルでも、作り手がそのスタイルを決め、全体的な味のバランスを考えて異なる熟成年や蒸溜所の原酒をブレンドしたものはお薦めです。「この味を得るために、若いけどこの原酒が必要だ」という事もあるのではないかと思います。しかしそうではなく、量産が目的の年数非表示やブレンドがあれば、それは残念です。例えば、熟成年数表示はありますが、お薦めする5本の内の1本に「ファウンダーズ リザーブ 10年」というボトルがあります。これはこだわりのブレンデッドモルトで、スタイルを決め、味のバランスを考えて作られています。蒸溜所名は明かされていませんが、リフィルのオロロソ・シェリーバットで10年間熟成されたアイラモルトと、同じくリフィルのオロロソ・シェリーバットで10年間熟成、その後マディラ樽で約18ヵ月間仕上げの熟成がされたスペイサイドモルト、セカンドフィルのバーボンカスクで10年間

熟成されたハイランドモルトの3つがバランス良くブレンドされています。

編集部 聞いているだけでも美味しそうですね。それでは最後に、読者の方々に一言コメントをいただけますでしょうか。

大澤 ウィスキーの好みは人それぞれです。販売店の立場から、その好みのウィスキーを見つけるお手伝いができれば良いと思います。ご来店の際は、気軽にお声掛けください。

編集部 本日はありがとうございました。

創業者が戦後間もなく露店を始め、1954年から日本橋にて酒類の販売をスタート。1964年の八重洲地下街完成に合わせての移転以来、この地に根付いて営業を続けている。

SHOP INFORMATION

リカーズハセガワ 本店
東京都中央区八重洲2-1 八重洲地下街 中4号 八重洲地下1番通り
Tel.03-3271-8747
営業時間 10:00〜20:00
定休日 年始
URL https://www.liquors-hasegawa.jp/index.html

リカーズハセガワ 北口店
東京都中央区八重洲2-1 八重洲地下街 北1号 外堀地下2番通り
Tel.03-3271-4085
営業時間 10:00〜20:00
定休日 年始
URL https://www.liquors-hasegawa.jp/index.html

ACORN LIMITED & THE WHISKY PLUS

マニアックな自社オリジナルボトルを展開する傍ら、ボトラーズからオフィシャルまで幅広いボトルを販売。2014年からは様々な顧客のニーズに応えるため、試飲が可能な「THE WHISKY PLUS」を展開する。

ACORN LIMITED／代表取締役

蔦 清志氏

洋酒輸入代理店勤務の後、独立して飲料店限定の卸小売業を開始。多くのボトラーズを販売すると共に、数々のオリジナル樽詰めボトルシリーズを展開し、流行に左右されない独自の路線で現況をひた走る。

編集部 最近のスコッチウィスキーを取り巻く状況はいかがですか?

蔦 清志氏(以降敬称略) 「マッサン」が放送された頃から国産ウィスキーのブームが始まったと思いますが、その頃はウィスキーという名前だけで、よくは分からないけれど飲んでみようかという人が多かったと思います。しかし最近は、ウィスキーの事をある程度分かっていて、情報を集めていらっしゃる方が増え、全く分からないでいらっしゃる方は少なくなったという感はあります。ボトラーズも本当に増えてきて、その中でも単発の奇をてらったようなプライベートラベルなども増え、SNSなどでその存在を知った方が一斉にそっちを向くといった傾向があります。ですから、定番と言われるようなボトルが動かなくなったように思います。これは弊社だけの話かもしれませんが、ボトラーズを中心とする高価格帯のボトルと低価格帯のボトルだけが動き、中間価格帯のボトルが動かないといった状況です。

編集部 どのような業界も同じような状況にあると思いますが、ウィスキーもやはり同じですか。

蔦 そうですね。難しい時代というか…。やはり、中間価格帯の商品もある程度動かしたいのですが、奇をてらった商品がネットに上がると、皆さんすぐに飛びついてしまいます。弊社でも変わったボトルは扱っておりますが、そのような方向に流れています。

編集部 以前から転売目的の購入というのもありましたが、現在はいかがですか?

蔦 今もすごい状況です。秩父蒸溜所のボトルなどは昔からすごいですけど、百貨店などが年に1回程度販売をすると、その翌日にはとんでもない価格でネットに上がっています。日本の経済が停滞して、ゆとりが無くなっているのかなという感じがしますよね。弊社のお客様でも、以前だったら同じボトルを2本位買って、1本は開けて1本は置いておこうかという傾向がありましたが、今の人は必要な物だけを買うというような状況です。

編集部 以前と比べ、新しい展開などをしていますか?

蔦 先程のような状況を目の当たりにしていますので、従来のお客様の方を向いて続けていこうと思っています。マーケットの方向はずれていますが、いずれはまた戻ってくるだろうと考えています。

編集部 現在は、小売店への卸販売もしていますか?

蔦 卸販売はあまりやっておらず、あくまでも直販体制です。ある程度の数を動かしたい場合は酒屋さんの力をお借りすることもありますが、それも絞り込んだ特定のところだけです。現在のお客様はSNS好きで、珍しい物があればすぐにブログなどにアップされますが、そういった枠には嵌まらず、道からは逸れているかもしれません。

編集部 お客さんの層は、以前と変わりましたか?

蔦 男性7、女性3という割合で、年齢は30代くらいの若い方が多いです。

編集部 そういった若い方は、こちらを何で知って来られるのでしょうか?

蔦 ネットで調べたり、ウィスキーのイベントを通じてという方も多いです。あとはバーで知ったとか、そういった方々です。

編集部 ウィスキーのイベントというのは、大勢の方がいらっしゃるのですか?

蔦 たくさんいらっしゃいます。先日も秩父でイベントがありましたが、4,000人くらいは集まったのではないでしょうか。町全体のイベントにもなっているようで、

THE CIGAR MALT 20YEARS
ザ・シガーモルト 20年

イアン・マクロード社の「チーフタンズ」シリーズ、シガーとのマリアージュを想定した蒸溜所名非公開の1本。1997年蒸溜、ファーストフィルのオロロソシェリーバット熟成原酒で、ボトリングは2018年。熟成感のあるトフィー風味、芳醇なフルーツが口中に広がる。700ml 56.1% 参考小売価格＝24,500円

BEN NEVIS 19YEARS
ベン・ネヴィス 19年

ヴァリンチ＆マレット社の「ヒドゥン・カスクス・コレクション」のベン・ネヴィスは、1999年蒸溜、バーボンホグスヘッド熟成で2018年のボトリング。アロマティックな甘い香り、ドライ過ぎず心地よいニュアンスの味わい、そして長いフィニッシュが楽しめる。700ml 51.7% 参考小売価格＝18,600円

前売り券の段階で一杯になってしまうようです。東京のウィスキーフェスティバルも3,000人以上が集まり、2日間の開催になりました。大坂、名古屋、福岡などでもありますし、岡山の倉敷で開催されることも決定しました。

編集部 最近は熟成年数非表示のボトルが増えていますが、これについてはどのように考えていますか？

蔦 やはり原酒が足りないのでしょうね。スコッチなら、それなりの物なら10年程度の熟成は必要ですから、それが無くなってきているのでしょう。

編集部 世界中でシェアしているようですが、どこの国が多く買っているのでしょうね。

蔦 中国や東南アジアなど、今までウィスキーを飲まなかったところがどんどん飲んでいるのでしょう。経済の発展に伴ってアメリカなどへ行き、ウィスキーの味を知って飲み始めたという傾向があると思います。情報

も一瞬で世界中に回る時代なので、ある程度のお金を持っていて興味があれば、欲しい人はどこにいても同じです。

編集部 熟成年数非表示ボトルの中にもたまには面白い味のものもありますが、「10年」「12年」と比べると劣るものが大半だと感じるのですが。

蔦 その辺りにはどうしても若い原酒を入れていますので、色々なウィスキーを飲んでいる方には、熟成感が足りないなと感じるのでしょうね。メーカーも四苦八苦していると思いますよ。

編集部 今後、ウィスキーが値上がりする可能性はありますか？

蔦 需要はあるものの売るものが無いので、値上がりする可能性はあると思います。この状況はしばらく変わりませんし、今ある10年以下の若いものも結構ボトル

BUNNAHABHAIN 22YEARS
ブナハーブン 22年

ヴァリンチ＆マレット社の「ロストドラムス・コレクション」。1995年蒸溜、2018年瓶詰め。ローランドモルトのような香りと、間違いなくアイラ！という味わい。700ml 46.5% 参考小売価格＝18,600円

PORT CHARLOTTE 14YEARS
ポートシャーロット 14年

イアン・マクロード社の「チーフタンズ」シリーズ。新鮮なレモンピール様のピート香が鼻を刺激し、塩キャラメル、穏やかな渋みが時間と共に変化する。700ml 52% 参考小売価格＝26,500円

GLEN KEITH 20YEARS
グレンキース 20年

エイコーンオリジナルの「オマージュ・トゥ・カレドニア」シリーズ。弾けるような甘さと生き生きとした酸味の風味、20年熟成の円熟した味わい。700ml 57.1% 参考小売価格＝15,500円

に詰められています。熟成年数の長いものが減っていて増産はしていますけど、それもあと10年は経たなければでてきませんし。

編集部 御社では今後、新しいところからボトルを調達するような計画はありますか？

蔦 他の業者をあたってみたり、自分の所でも手掛けてみようかといったところでしょうか。ただ、先程申したように動かないボトルもあるので、ボトルばかり増えてしまってもどうだろうという思いはあります。

編集部 本日はありがとうございました。

SHOP INFORMATION

THE WHISKY PLUS
東京都豊島区東池袋1-47-12 シトウビル1F　Tel.03-6907-2676
営業時間　12:00〜20:00
定休日　火曜日／第2・第3水曜日
URL　https://www.acornsquare.jp/

THREE RIVERS Ltd.

発売即完売のオリジナルボトルを精力的にリリースする、日本のウィス
キーシーンに欠かせない存在とも言える「スリーリバーズ」。同社のキー
マンは今、スコッチウィスキーの状況をどう捉えているのだろうか?

スリーリバーズ／ディレクター・セールス

大熊慎也氏

類まれなるセンスと持ち前の行動力を武器に、立て続けに大ヒットボトルを世に放つスリーリバーズのキーマン。酒類全般に深い愛を注ぎ、きめ細やかなサービスを顧客に提供すべく精力的に活動する人物である。

編集部 こんにちは、お久しぶりです。最近のスコッチウィスキー事情はいかがでしょうか？

大熊慎也氏（以降敬称略） ウィスキーの小売価格が高くなっています。今までは20年物が1万円くらいでしたが、今は2万円で、倍くらいに上がったのではないでしょうか。

編集部 その理由は何でしょうか？

大熊 商品が売れることと、原酒が不足していることの両方です。

編集部 商品が売れること自体は、お店にとって悪いことではないですね。

大熊 売れる本数が減っても、売上自体は変わらないといった状況です。ただ、入荷する本数は極端に減っ

てきました。「ボトラーズブランド」と言われるボトルの種類が増えるのとは逆に、我々が購入する絶対量が減らされています。ボトラーズを手掛け始めた15年程前は、先方が1つの銘柄を300本リリースした際に180本をオーダーすれば、希望通りに180本買えました。しかし現在は、60本とか36本とかしか出してもらえません。人気のある蒸溜所のボトルが出た際にサンプリングをして、「これは全部いける」と思って大きい数をオーダーしても、12本しか出してもらえないといったケースもあります。海外のボトラーズも、蒸溜所から現在購入する樽の価格が上がっているため、昔買った樽を出す分には価格を上げる必要はないものの、上げざるを得ないのでしょう。

　ひとつ不思議に思うのが、現在、ポートエレン蒸溜所の出始めのボトルの価格が30万円〜40万円くらいで、1,000本以上ボトリングされているのですが、まったく市場に出てこないのです（笑）。

編集部 どこに行っているのでしょうね。

大熊 弊社も10年以上続けていますので、1,000本もボトリングされていれば入手できるはずなのですが、それができないのです。また、購入者が消費しているとは思えないので、またいつか市場に出てくるのではないかと思っています（笑）。

編集部 なるほど。投資対象の資産として保有されている可能性がある訳ですね。でも飲む側としては、30万円も40万円もするボトルなんか飲み難いですよね。

大熊 でも、その値段でも日本に10本しか入ってこないとしたら、すぐに売れてしまいます。サントリーの「山崎50年」も、100万円でも一瞬で売れてしまいましたから。

編集部 50年も寝かせていたら、樽に原酒はどのくらい残っているものなのですか？

大熊 半分以下でしょうね。ですから希少と言えば希少です。最近もマッカランの60年がとんでもない額で落札されましたから。昔はマッカランの50年が200万円でも「高い」と言われていたのですが、今となっては200万円クラスのボトルがざらにありますから、本当に変わりました。

編集部 そのような状況下で、御社の業態にも変化はありましたか？

大熊 「'70年代に飲んだあのボトルの味が忘れられない。もう一度飲んでみたい」というバーのお客様がいて、そこのバーテンダーさんが弊社に来たら、「1本でも探します」という御用聞きが弊社の仕事です。

編集部 探すのですか？　すごいですね。

ANNANDALE 3YEARS
アナンデール 2015 3年

A.D.ラトレー社がスリーリバーズ向けにリリースした、シングルカスクの限定品。ローランドの新しい蒸溜所、「アナンデール」のエレガントなスモーキーフレーバーが楽しめます。
700ml 61.4% 参考小売価格＝8,120円

大熊　はい、探します。でも、もともとお客様の御用聞きをしたくて、スリーリバーズ＝三河屋という名前をつけました。仕事は大変ですが、「欲しい」と言われたボトルを探して納品した時に喜んでいただけるのは、とても嬉しいです。あとは、良い樽や良い蒸溜所のボトルを試飲した時に、飲んで頂きたいお客様の顔が浮かびます。「この味はあのお客様になら喜んで頂けるだろう」と思うとゾクッとします。田中屋の栗林さんやリカーズハ

セガワの大澤さんは私にとっての師匠みたいな人で、お酒のことや商売のイロハを教えていただいたのですが、そういう方のお店で販売できる商品を探し、お店のマスターにも喜んでいただき、そのお店のお客様にも喜んでいただけるというつながりを大事に考えています。インポーターの仕事は、海外に無数にある商品から何を持ってくるのかが重要で、あれもこれもとセンスの無いものを持ってきてはいけません。あくまでも好みですが（笑）。

編集部　以前から、自分が飲んで美味いと思うものしか持ってこないと仰っていましたが、今も続いているのですね。

大熊　はい、もっともっと頑張りたいと思っています。その時その時でマーケットや状況も変わっていきますので、今が何が求められているのか、今なら何をしかけようかと考えながら仕事をしています。

編集部　5年前と現在では、ニーズに変化はありましたか？

大熊　ウィスキーだけで考えるとそれ程変化はありませんが、ウィスキー以外のものも探したいと思っています。コニャックやカルバドス、ジンなどは以前から続けていて、ジンはブームが来ましたが、今は落ち着いたかなという状況です。ジンはウィスキーのカクテルのようなもので、生産者の好みを味に反映させられるところが、普通の蒸溜酒とは違いますよね。最近は、ウィスキー蒸溜所の多くもジンを手掛けています。ただ、作り手が本気でないとお客様に損をさせてしまうので、インポーターの我々が見極めていきたいと思っています。

編集部　お客様というと、小売もされているのですか？

大熊　いいえ、小売はしていません。卸売がメインで、酒屋さんの他にバーなどへ販売しています。

編集部　なるほど、世の中の酒好きではなくて、バーなどのお客様ということですね。それでは、今までに何軒くらいのバーを回りましたか？

大熊　500軒近くではないでしょうか。この業界に20年くらいいるので、1年間に20軒と考えても500軒は越えていますね。

編集部　スコッチウィスキーに関し、何か新しい情報はありますか？

大熊　新しい蒸溜所が増えていますが、本腰を入れているところと入れていないところに二極化されると思っています。復活系も多く、ポートエレン蒸溜所（MHD社）やローズバンク蒸溜所（イアンマクロード社）も復活します。

ARDNAMURCHAN 2017
アードナムルッカン 2017 スピリッツ

アデルフィ社が2014年に創設した新しい蒸溜所、「アードナムルッカン」から発売された待望のセカンドリリース。ウイスキーとしてのリリースが待ち遠しい！
700ml 53.6% 参考小売価格＝8,400円

BOWMORE 2001 15YEARS
ボウモア 2001 15年

メゾンドウイスキー社のアーティストシリーズ。同社のフラッグシップ的なシリーズで、毎回若手のデザイナーを選び、ラベルデザインしています。
700ml 56% 参考小売価格＝39,000円

GLENGOYNE 25YEARS
グレンゴイン 25年

100%シェリーカスク熟成のオフィシャルボトル。古き良き時代を彷彿とさせる、重厚でリッチな味わいが魅力です。
700ml 48% 参考小売価格＝41,720円

編集部 新しい蒸溜所や復活する蒸溜所が増えてくる中、この先の5年、10年をどのように見ていますか？
大熊 本当に二極化されると思うので、酒屋さんなりインポーターなりが見抜かないといけないと思います。お客様にも分かるとは思うのですが、最初に私たちがフィルターにかけなければいけません。ただ、本腰が入っていなくても物珍しさや、中国・インドなどの需要で売れるとは思うので、そっちに持っていくかもしれません。今は「クラフト＝手作り」という言葉が流行っていますが、小さい蒸溜所でも魂込めて造っているところが結構あると思うので、そのようなところはぜひ手掛けたいと思っています。5年後、10年後はすごい楽しみですね。一方で、大手の蒸溜所は増産に継ぐ増産で、逆にそこが心配です。

編集部 大丈夫なのでしょうかね。最近は、定番のオフィシャルボトルを飲んでも味が変わってきたように感じるのですが、その辺りはいかがですか？
大熊 40度のボトルが増えてきたり、味がライトになってきているようには感じます。現在のオフィシャルボトルでは良いもの、美味いものもあるのですが、本当にメジャーなボトルでも「あれ？」というものもあります。
編集部 ラフロイグにしても、最近は熟成年数非表示のボトルが増えていますよね。それで、一通りの銘柄を並べて飲み比べてみても、なぜこのようなボトルを出さなければならないのかと、必然性が分からないのですよ…。
大熊 売れますからね。
編集部 タリスカーにしても、家電量販店で大量に並べて売られていたり、その他のボトルでも「何か変だぞ」

COMPASS BOX NONAME
コンパスボックス
ノーネーム

様々なウィスキーをブレンドして、独自の世界観を届け続けているコンパスボックス社。この「ノーネーム」はその中でも、今までリリースした同社の数あるウイスキーの中で最もピーティーで、ここまで自己主張の強いウイスキーには名前は要らない！ ということでこの名前が付けられました。メインモルトは75%アードベッグ！
700ml 48.9% 参考小売価格＝17,500円

というものが増えました。

大熊　そうですね。「ハウススタイルはどこにいってしまったのかな？」と思う時があります。この状況が5年後、10年後にどうなるのか、もっと拍車がかかっていくのかという感じですが、良いものを造っているところは続いていくと思います。

編集部　盛岡のスコッチハウスさんに行って古い酒の味を確かめさせて頂くと、今の酒の味とはまるで違う訳です。しかし、それを四の五の言っても始まらない訳ですよね。

大熊　現在の酒の中から良いものを探して飲むしかありませんね。昔は150点の酒もあれば30点くらいの酒もありましたが、今は平均70点～80点の酒を大量に造るという感じですよね。でも、キープしていた80点が70点になってしまうというところも出てくると思います。

編集部　この本を作るにあたり、最近の熟成年数非表示ボトルを色々とかき集めて試したところ、まだ真っ当だと感じたのがアードベッグで、アードベッグだけはクオリティを保っていると感じました。これは私の主観なのでよく分かりませんが、プロから見たらどうでしょうか？

大熊　アイラの酒は比較的真っ当だと思いますが、シェリー樽をひとつの売りにしている蒸溜所は、良いシェリー樽が無くなってきているので結構変わったなと思います。シェリー樽の枯渇というのも、ウィスキー業界にとっては痛手なのかもしれません。シェリー自体が売れていないので、もともとしっかりとしたシェリーが入っていた空き樽が無くなってきてしまいましたから。

編集部　もっとシェリーを飲みなさいと（笑）。

大熊　ブレンデッドモルトはまだ売れ筋ではありませんが、目先を変えたら面白いと思います。何とか美味しいものを作ろうとセンスの良いブレンダーがモルトとモルトを混ぜ合わせ、味が良くてコストを抑えたボトルを出しています。

編集部　お薦めはどの辺りのボトルでしょうか？

大熊　ロンドンのコンパス・ボックス社という、シングルモルトウィスキーが普通に買える頃からブレンデッドモルトだけを手掛けてきた会社のボトルで、この会社は今伸びています。「名前なんかいらない」というキャッチフレーズで出された「ノーネーム」というボトルは、アードベッグが75％にカリラとクライヌリッシュを混ぜ、現在のヤングアイラには無い良い味を出しています。

編集部　3つの蒸溜所名を聞いただけで美味そうですね。クライヌリッシュはあまりメジャーになって欲しくない蒸溜所ではありますが…。ウィスキーの飲み方に関しては、お薦めなどはありますか？

大熊　ウィスキーにハマっていくと「ストレートじゃなければいけない」といった意識を持たれると思うのですが、冬はお湯割りなども良いですし、個人的には1：1くらいのハーフロックを、氷を溶かしながら飲むというのも良いと思います。その辺りは元々自由なので、あまりストイックにならずに楽しんでいただけたらと思います。

編集部　お薦めのボトルを後ほど撮影させて頂くとして、それとは別に御社の売れ筋のボトルはどの辺りでしょうか。

大熊　売れ筋だと手前味噌になってしまいますが、弊社のプライベートボトルの「ダンスシリーズ」でしょうか。発売しても即完売してしまう程で、200本をボトリングしてお客様にご案内すると1,000本くらいの注文が来てしまい、どうしていいのか分からないような状況です。

編集部　水で薄めるしか無いですね（笑）。イベントでも、評判は良いのですか？

大熊　結構な数の試飲ボトルを用意したのですが、始まって3時間程で終了してしまいました。

編集部　それはすごい、儲かってしょうがないですね（笑）。

大熊　いえ、弊社はインポーターの立場で、酒屋さんがお客様のため、試飲はすべて無料にしていますので…。

編集部　それはまた豪気ですごい！　イベント営業などの他には、今後どのような展開をされていきますか？

大熊　ウィスキーに関してはこれまでとあまり変わりませんが、新しい蒸溜所が出来てきているので、そこで目利きをして、開拓していきます。あとはプライベートボトルを出し続けることと、ボトラーズも今まで以上に増えてきているので、しっかりと味をみて絞っていきます。

編集部　ここ数年で、お客さんの層に変化はありましたか？

大熊　田中屋さんやハセガワさんのような特殊な酒屋さんのお客様は、以前はバーテンダーさんが主なお客様でしたが、最近は一般個人のお客様の比率が増えています。

編集部　ウィスキーに関し、他に何か情報はありますか？

大熊　北海道の厚岸蒸溜所に行きましたが、あそこは楽しみですね。ニューボーンを数回出して、いよいよ3年物が出てきます。厚岸は牡蠣とウィスキーが美味しいですよ。

編集部　北海道はツーリングでよく行きましたが、行ってみたいですね。本日は興味あるお話をありがとうございました。

COMPANY INFORMATION

心を込めたものはきっと深く伝わるはず
お酒を愛する全ての人へ

THREE RIVERS Ltd.
東京都練馬区田柄4-12-21
Tel.03-3926-3508
email　trivers@m17.alpha-net.ne.jp

Mejiro Tanakaya

ウィスキー好きにとって蒸溜所と並ぶ聖地とも言える、国内屈指の品揃えを誇る「目白　田中屋」。国内のシングルモルトブーム期から業界を俯瞰してきた同店店主、栗林氏は現況をどのように捉えているのか。

Mejiro Tanakaya／店主
栗林 幸吉氏

自らの鼻と舌であらゆる酒のテイストを確かめ、顧客を求める商品へと的確に導いた上、その特性を時にユーモラスな表現を交えて説明してくれる田中屋の名店主。仕入れや店頭販売の他、様々なメディアでも活躍する。

編集部 店内を拝見して気付くことは、田中屋にいらっしゃるお客さんは、滞在時間が長いですね。地下の空間は落ち着いて好きなボトルをチェック出来るということでしょうか?

栗林幸吉氏(以降敬称略) ボトルをジーッと眺めて、平均して1時間ぐらいいらっしゃる方が多いですね。

編集部 貴重なボトルが多いので眼が眩むのでしょうね。それでは、最近のスコッチウィスキー事情の変化についてお聞かせください。

栗林 生産者の話からすると、小規模のクラフト蒸溜所を含め、新しい蒸溜所はものすごく増えています。一時は80ヵ所程度しかなかった蒸溜所が130ヵ所近くに増え、申請している蒸溜所を含めたらもっとあるというのが現状です。ウィスキーブームであることは確かですが、2000年代からウィスキーの製造免許取得の条件

が緩和されたことも理由だと思います。国家は経済が硬直すると、免許を出して活性化させようとします。町おこしではありませんが、今までは相当な生産量でないと免許を取得できなかった所を、小規模でも取得できるようにしました。200年前はどこも密造みたいなことをしていましたが、これを正そうと免許制度が導入され、規模の小さな蒸溜所は淘汰されて大きな蒸溜所しか残らなくなりました。これが20世紀ですが、2000年代になって経済が硬直すると世界中のあちこちで免許を出すようになり、そこにチャンスが生まれたんです。次に、かつて竹鶴さんがさんざん苦労をして持ち帰る程の秘伝だったウィスキーの製法が、今はYoutubeなどでも公開され、関連する書籍もたくさん出版されるようになりました。ウィスキーが好きで、ある程度のお金があれば誰でもウィスキーを作れるような時代になったんです。ミレニアムズと言って、これが2000年以降の傾向ですね。生産者にとっての飲み手側の変化も、先程のYoutubeやインターネットなどの影響が大きいようです。とある小さな生産者さんに話を伺うと、規模は小さくても売上は右肩上がりに伸びていて、大手のメーカーはダウンしているとのことでした。「それはなぜですか?」と尋ねると、昔は大手メーカーの広告が購入の判断基準であったものの、最近はインターネットの評判にも影響されるようになったとのことでした。あくまでも個人による情報発信ですが、「あそこは規模は小さいけど美味しいよ」なんていう飲み手の感想があると、小さな生産者にもチャンスが生まれてくるようです。その影響で広告にだまされなくなったというか…(笑)。その反面、インターネットを悪用して誤った情報を流したり情報発信を利用する輩もいるので、弊害もあると言っていました。

飲み手側の変化については、割と若い方が増えてきたように思います。このお店の場合に限ってですが、20代の大学生のお客様なども増えています。それは、「ハイボールキャンペーン」の効果やドラマ「マッサン」の影響だと思われます。スコッチウィスキーは、10年くらい前まではマニアックな人達だけの間で盛り上がっていたのですが、それが今は拡散して、そこまでマニアックではない「飲みやすいウィスキーを飲んでみたいんですけど」という20代くらいの人が増えてきています。それで実際に飲んでみると「不味い」とか「キツい」という感想を漏らすのですが、こちらからしたら「そんな簡単に味が分かってたまるか」という思いもあるのですけどね(笑)。大人になって味が分かる最初のドリンクと

MONKEY SHOULDER
モンキーショルダー

グレンフィディック、キニンヴィーと、フロア・モルティング・モルトであるバルヴェニーの3種類で造られたブレンデッド・モルト。高級な甘い香りの表現である蜂蜜を想わせる芳香もあり、飲み易さとふくよかさ、そしてリーズナブル。最初に味わうモルトウイスキーとして価格も3,000～4,000円くらいだし、とても薦めやすい。どうせ人はみな猿だった。まずは猿から始めよう！ 700ml 40%

いえばコーヒーですよね。コーヒーは小学生のときに飲んでも美味しくありませんでしたが、高校生くらいになると少なくとも、ファストフード店とスターバックスのコーヒーの違いくらいは分かるようになります。そしてコーヒーの先にビールがあり、遠い先に、真面目に働かなければ飲めないウィスキーがある。ウィスキーを求めるお客様が増えていることは事実で、かつてのワインブームや焼酎ブームのように、ひとつのブームといえばブームなのでしょう。しかし私の感覚では、2～3年前はウィスキーならば黙っていても何でも売れたような状況でしたから、ウィスキーの一番良い時代は終わり、今は緩やかに下っているような気がします。

　ところで、ウィスキーはビギナーに厳しいというところが良いですよね。ビギナーは飲んでも「不味い」と言うじゃないですか（笑）。そこで、「美味しいと思えるようになりたかったら経験を積みなさい」というところが良いのです。

編集部　どんなものでもそうかもしれませんが、経験値が必要ですよね。落語も歌舞伎もジャズも、極端な嗜好品はみなそんな感じがします。ウィスキーだったら、下手をしたら身体を壊しますし…。

栗林　名ブレンダーの輿水さんは30年以上もの経験がありますが、「経験を積めば積むほど新しい気付きがある」と言われていました。それだけウィスキーは奥が深く複雑なのでしょう。同じウィスキーでも、あらためて飲むと別の側面に気付くこともあります。1本のボトルを空けるまでにも、上と下で違いもありますし、自分の体調でも味は変わりますから、それも含めてウィスキーは楽しいです。

編集部　古今亭志ん生の古典落語も、何度聴いても新たな発見がありますよ。それも一緒なのかな。ところで、近年は売り切れ続出のジャパニーズウィスキーの立ち位置は、今後どのようになるのでしょうか？

栗林　スコッチであれば、「スコッチ」と名乗る時点で最低限の品質保証がされていますが、日本でウィスキーと称して売られているものの中には、10％しか樽で寝かせたお酒が入っておらず、あとの90％はスピリッツというものもあります。そして変に甘いので、おそらくは糖分添加もしているでしょう。でも、先程の輿水さんが書かれた最近の本を読んでいたら、「そろそろ日本もグローバルスタンダードを考える時期に来ているのではないか」ということが書かれていました。日本のウィスキーも海外のコンペティションに打って出るようになったのであれば、「堂々」と世界に出るべきだと思います。

イチローズモルトは、海外のモルトを混ぜた場合には「ワールドブレンデッド」と称していますので、あれでも良いのではないでしょうか。戦後間もない時代ではありませんし、日本人にも余裕ができてきましたから。

編集部 それでは、近年増加した熟成年数非表示のボトルについてはどのような考えをお持ちですか?

栗林 年数表示の無いボトルが出てくることは仕方がありませんが、はっきり言って年数表示はあった方が良いと私は思います。ジンやウオッカとは異なり、ウィスキーは類稀なる熟成酒で、「何年」という最低熟成年数表示にものすごい価値があると思っています。樽がないから仕方のないことですが、最低でも3年は熟成していますから、若いボトルでも3年なら3年と年数表示があった方がよく、その方が分かりやすいとも思うのです。

編集部 グレン・グラントのように、「5年」が一番売れているという例もありますね。

栗林 そう、3年でも5年でも美味しいボトルは美味しいですし、長期熟成ボトルもそれはそれで美味しいのです。お客様からよく「同じウィスキーでも8年、12年、18年とありますが、やっぱり18年が美味しいんですか?」といった質問をされます。そこで果物を例えに、「洋梨であれば購入した直後に食べればシャリシャリしていますが、10日後くらいに食べると熟して柔らかくなります。これのどちらが好きかというのは好みの問題で、ウィスキーでも同じことですよ」とお答えします。熟成したボトルも良いですけど、若いボトルも結構良いですよね。

編集部 以前、アラン蒸溜所に行った時は「8年」しかなく、それを買って飲んだ時には美味いなと思ったのです。その2年後に「10年」が出て、それを飲んだら「ちょっと味が落ちたな」と思い、4年後に「12年」を飲んだら、「もうこれは買わなくていいかな…」と。

栗林 だんだんと、どこにでもある味になってきたのですよね。

編集部 「8年」のときは「ちょっと尖っていていいな」と思ってたのですけど。

栗林 ウィスキーは完全に嗜好品ですから、それはそれで良いのですよ。私はよくイタリアに行っていたのですが、イタリア人は普通にグレン・グラントの「5年」やザ・マッカランの「7年」などを飲んでいました。日本人のその当時の考えは、熟成年は多い方が良いというものでしたから、同じような若いボトルが日本では「デラックス」とか、そのような名前で流通していました。でも、若いボトルでも美味しいものは美味しいですから、「3年」

SYNDICATE 58/6
シンジケート 58/6

もともとの発祥の起因が、仲間内で飲むウィスキーを造る! というところが良い。酒は何を飲むかも大事だが、誰と飲むか? は酒の味にもっと多大な影響を与える(笑)。数字信奉者ではない私だが、昔から究極のブレンド比率と言われるモルト65:グレーン35。そして熟成17年以上のモノしか入っていないというスペックを見るだけで品質保証されている気がする。ストレート、水割り、ハイボール、何でも対応出来る優しい甘み、飲み口の良さ、程よい深さ。さすが究極の比率。1万円弱?
750ml 40%

GLENBURGIE 15YEARS
グレンバーギ 15年

スコッチの巨人、バランタインは数十種類をブレンドするウィスキーだが、その華やかな顔、容姿をつくり上げる中核モルトがグレンバーギ。その実力はもっと評価されて良いモルトウイスキー。アメリカン・オーク樽熟成の良さを存分に発揮する、可憐なバニラ・フルーティーフレーバーとバランスは、さすがバランタインのクリーンアップを務めるシングルモルト！ 8,000円くらい。700ml 40%

とか「5年」とか、堂々と名乗って良いと思います。ただ、市場でその価値観が通るかはまた別ですから、3年以上熟成で「3年」と名乗るよりは、「スペシャル」とかにしといた方が売りやすいのかもしれません。

編集部 ボトルを販売する側としては、棚が一杯になって困るようなことありませんか？

栗林 増え過ぎだとは思いますが、時代だから仕方がありませんね。先程言ったように、誰にでもチャンスが出てきましたから。そういえば、スコッチ用の大麦を作っているスコットランド人のコメントをテレビで見たのですが、昔は「12年」とか「18年」しか無かったのが、今は「何とかカスク」とか色々と増えすぎて、蒸溜所のハウススタイルが分かり難くなったと言っていました。

編集部 確かに、昔はこの蒸溜所は「こういうテイスト」というイメージがありましたが、今は1ヵ所の蒸溜所でスモーキーな味、フルーティーな味、ライトな味、ヘビーな味、オーガニックといったように、ブランドを変えて何でも造ってしまいます。グレンフィディックなんかは、全く別の蒸溜施設を作ってしまいましたし。

栗林 グレンフィディックは、一時期は合理化でオートメーション化を進めていましたが、飲みやす過ぎるブレンデッドのようなスコッチになってしまったようで、数年前から手間のかかる製法に切り替えたという話を聞きました。でも、実際のところ増え過ぎですよね。たまに異なるタイプの商品を作るくらいだったら良いのですが、やはりグレンモーレンジィだったらこれ、アベラワーだったらこの味といったハウススタイルを維持していただきたいと思います。

編集部 ハウススタイルを守っていると考えていたベーシックボトルの味が変化している気がしますが、いかがでしょうか？

栗林 それでも、熟成年数を表記したボトルはまだそれなりではないでしょうか。

編集部 アードベッグの年数表記の無いボトルを飲んだ時、がっかりしましたね。

栗林 アードベッグは10年でも充分ですね。私は割と、オフィシャルボトルは年数表示のあるボトルが好きです。オーバンの「14年」なんてすごく良いですよ。あそこは他みたいに色々なボトルを出しませんし、すごく良い蒸溜所だと思います。でも、ウィスキーはその蒸溜所というか、最終的には造る人にかかっています。オーナー然り、マスターディスティラー然り。ブレていない人です。だから、わざわざ新しく蒸溜所を立ち上げるような人には期待してしまいます。例えばアードナムルッカン

蒸溜所などは、エディンバラの近郊に麦畑を持っている
のに、「自分が好きな昔のタリスカーとかオーバンのよ
うな潮っぽさやピート感は、あそこの風と水じゃなけれ
ば出せないと信じている」と言って、わざわざエディン
バラで作った麦を5時間くらいかけて運び、ウィスキー
を造っています。大都市に近い場所で作った方が儲か
るのに、「この土地の水で造り、この土地の海風にさらさ
れる倉庫の中で寝かせたい。ウィスキーは風土が造る
と信じている」と言って、あんな辺鄙なところに蒸溜所
を建てるほどの情熱が好きですね。あとはグレンモーレ
ンジィの近くにできたドーノックという新しい蒸溜所で
すが、そこは2人の若者が「昔のウィスキーの方が味わ
いがある」と言って、即席にできるディスティラー酵母で
はなく、ビール会社から購入した昔ながらの酵母を使
用しています。この酵母だと、通常は3日間程度かかる
発酵に2週間を要し、生産量が下がって非常に効率が
悪いのですが、その方が空中に漂う菌を取り込むらし
く、味わい深くなるというのです。

編集部　それはこの先が楽しみですね。

栗林　結局は飲んでみないと分かりませんが、楽しみ
ですね。10年後だから、生きているかどうか分からない
ですけど(笑)。

編集部　日本のウィスキー蒸溜所の動きについては、
どうお考えですか?

栗林　日本の蒸溜所も今は20ヵ所近くありますが、そ
こには2つの流れがありますね。スコッチに憧れて造り
始めた秩父蒸溜所、厚岸蒸溜所、静岡蒸溜所は、飲んで
ぐっとくるスピリッツ感があります。それに対して焼酎
メーカーや日本酒メーカーが造ったウィスキーは、同じ
度数でも飲みやすさを重視したのか、若干資質が弱い
気がします。

編集部　造り方も設備もみな違いますし、静岡蒸溜所
の世界に1つと言われるハイブリッドのポットスチルな
んかは興味深いですよね。

栗林　結局のところ、オーナーが何を造りたいのかとい
う思いと情熱、そしてしっかりとした仕事をするディス
ティラーや杜氏さんにかかっていますね。

編集部　静岡蒸溜所のマスターディスティラーは、メル
シャン時代の軽井沢蒸溜所の技術者ですかね。ずいぶ
ん手慣れていました。

栗林　今はどこもコンピュータ制御が一般化していま
すが、人は大事ですよ。ボウモアに行ってもコンピュー
タ制御で、スピリッツセーフにいるスチルマンにキャリ
アを訊いたら「2年です」と。"ここでボタンを押せば

GLENDRONACH 18YEARS
グレンドロナック　18年

高価な空き樽であるシェリー樽熟成の濃色モルトウィスキー
が、存在しなかったら…。もし、色の淡いバーボン樽熟成ばか
りだったら、モルトウィスキーの今日の隆盛は無い。それはワ
インに赤が無く、白ワインだけだったら…。と想像すれば容
易に判る話。その数少ない濃色シェリー樽の雄がグレンドロ
ナックだ。シェリー樽らしいドライフルーツ・チョコレートを想
わせるリッチな甘み、豊潤さ。素晴らしい食後酒。価格は高い
がその期待に充分応える! 1万2千円〜1万5千円くらい?
700ml 46%

いい"ということです…。でも、先程お話したアードナムルッカン蒸溜所に行ったら、コンピュータは無いのです。それで「何で無いのですか?」と訊いたら、「要らないから」と答えました。コンピュータには四季が分からないし、同じ蒸溜所でも冬と夏では全然条件が違うということを分からないのがコンピュータだという考えです。コンピュータ制御だと、何の間違いもない平均的な80点のウィスキーは安全かつ大量に造れますが、90点以上の銘品を造ろうと思ったら難しい。突出したものを造ろうと思ったら、人が関与しないといけないんでしょうね。だから今のウィスキーは平均的な80点で、感動的な90点以上のウィスキーはあまり無いという状況なのでしょう。

編集部 ラフロイグ蒸溜所に行った時にウオッシュバックのビールを飲ませてもらったのですが、「その味を覚えなければいけない」と説明してくれた人が言っていました。でもラフロイグだし、こんなにピーティなウィスキーでそこまで違うのかという印象も受けましたけど…。

栗林 同じ度数で同じ温度でも味が違うから、やっぱり人の感覚が介在する何かがあるんでしょうね。

編集部 そこを我々は、最初にボトルを買う時に熟成年数で判断するしかありませんから。

栗林 ウィスキーにも意外とヴィンテージ・当たり年があって、私たちもそこで判断することもあります。何故か分からないのですが、アイラ島は1993年が良いと言われているので、何かあるのでしょう。4,000万円で落札されたというAIが描いた絵も酷い物でしたし(笑)。囲碁、将棋等の勝ち負けがあるものはAIが圧倒的に強いですが、勝ち負けが無いのが嗜好品ですから、世界で一番美味いウィスキーなんてものはできないのです。心地よさは計算できないし、数字にもできません。まあ、ウィ

LAGAVULIN 16YEARS
ラガヴーリン 16年

アイラ島のモルトウィスキーは世界に類をみない特筆すべき個性酒だが、なかでもラガヴーリン16年はアイラモルトの4番バッターと言える。誰にでも好かれる味では全くないのに、創業以来200年以上もこの味わいで勝負し続けている、そのハートの強さに感動する。生まれからくる激しい個性と熟成からくるまろやかなコク。好き嫌いはともかく、シングルモルトウィスキーの醍醐味が全部詰まっている! 8,000円前後?
700ml 43%

スキーは狭い世界ですし、ラフロイグと言ったって、街に出て一般の人に聞いてもほとんど分からないでしょう。

編集部 1,000人に聞いて5人が分かる程度ですかね。

栗林 他の出版社の方は、本のタイトルに「ウィスキー」と入れれば売れるのですが、「モルトウィスキー」と入れると売れないと言っていました。「ウィスキー」と言えば、100人の内の90人くらいは分かるのですが、「モルト」と言った時点で100人の内の1～2人くらいしか分からないのでしょう。

編集部 そうすると、我々は非常に狭い世界の中で「美味いの、不味いの」と言っているのですね（笑）。

栗林 それでいいのですよ。サントリーの商品を飲むと「あ、これは1,000万人に向けた商品だな」と思うのですけど、アイラ島のウィスキーを飲むと「これは10万人くらいを狙っているのだな」と思うのです。でもアイラ島の凄いところは、あの味を200年間守って造り続けているところでしょう。ブルックラディ蒸溜所のように色々試しているところもありますが、この先も芯は守ってほしいですよね。

編集部 ハウススタイルを守っているということですね。「うちの本命はコレで、よかったらコレも舐めてみてください」という程度でしょうか。「こっちにはうちの魂が宿ってますよ」というものは残してほしいですね。話は変わりますが、田中屋さんのホームページの素っ気なさは、感動すら覚えますね。

栗林 田中屋はネット販売しておりませんので。ネット販売のいけないところは、自分の好きな物しか買わないところです。人はアドバイスがないと好きなものばかり買うようになって、それはそれで良いのですけど、たまにはプロのアドバイスを聞いた方が良いと思うのです。なぜかというと、新しい発見が必ずあるから

です。ウィスキーも自分の好きなボトルばかりを求める人は意外と残念で、「アイラのこれを飲んでみたら」と薦めると、「最初は好きじゃないと思っていたけど、最近はこればかり」と変化する場合があります。それをネットで購入していたら、自分が好きなボトル以外を知れませんから。

編集部 なるほど、自分の新しい「好み」が見つかる訳ですね。

栗林 ですから、どんな世界でも3回に1回はプロの意見を聞いてみてほしいですね。それを取り入れるかどうかは別ですけど、新しい発見があってもっと楽しくなると思います。

編集部 人からアドバイスされるのが苦手な人は、今はネットで簡単に調べてしまいますから。今日のお話は本当に勉強になります。70の手習いでノートに記しておきます（笑）。

栗林 いやいや、人生アウトローのお二人にそんな（笑）。

編集部 アウトローでもないですよ、悪いことはスピード違反くらいしかしていませんから（笑）。あ、でも、バーボンの本を出した後にポットスチルは買って輸入しました。アメリカでバーボン造りの様子をジーッと眺めてたら、大きな鍋でモルトを沸々として、ゴミを入れるポリバケツをウォッシュバックにして、ポットスチルは2つ用意できないから、面倒だけど2回に分ければとか…。でも原料の入手が大変だから、今は行き付けのバーの飾りになっています（笑）。

栗林 それが2000年以降のウィスキーメーカーの現状ですよ（笑）。誰でも蒸溜所ができるようになった時代です。

編集部 本日は色々と楽しい話をありがとうございました。

COMPANY INFORMATION

TANAKAYA

田中屋

目白

目白田中屋
東京都豊島区目白3-4-14-B1　Tel.03-3953-8888
営業時間　11:00～20:00
定休日　日曜日

未完の
ボトルインプレッション

Incomplete Bottle impressions

　2014年12月、本書の著者、和智英樹と高橋矩彦の両名は、好きが高じて『男のスコッチウィスキー講座』を刊行しました。奇しくもこの年は、現在の日本におけるウィスキーブームの火付け役のひとつと考えられるテレビドラマ、「マッサン」が放送された年でした。もちろん、件の書籍刊行はこれを当て込んだものではなく、著者両名のカメラマン・編集者人生の集大成作りの一環として、それ以前から足繁く彼の地へと渡航する取材が続けられていました。そして翌年、スコッチウィスキーの深みにどっぷりと嵌った両名は、あくまでも世間一般の飲み手の立場から、ブレンデッド、モルト、ヴァッテッド、グレーンと、あらゆるボトルを片っ端から空にし、一切の忖度無しにコメントを綴った『スコッチウィスキー 迷宮への招待』を刊行。さらにその翌年、スコッチウィスキー蒸溜所の巡り方を指南した『スコッチウィスキー・トレイル 蒸溜所に行こう!』を刊行しました。ウィスキーという魔性の酒に対する探究心はその後も止まず、今度はバーボンの有り様を探るべく渡米し、2016年8月に『バーボン讃歌』を刊行。2017年には、国内各地で産声を上げ始めた新興蒸溜所や、現在世界中で隆盛を誇るジャパニーズウィスキーの礎を築いたサントリー、ニッカなどの蒸溜所を巡り、『ジャパニーズウィスキー 第二創生記』を刊行。そして同年、これまで鍛え抜いてきた鼻、舌、肝臓が導き出した、両名が本当に美味いと思うウィスキー150本を掲載した『世界のウィスキー 厳選150本』を刊行しました。

　両名の集大成作りは一旦そこで終わるかに見えましたが、ウィスキーを取り巻く環境が世界的なブームによって一変し、後は日々淡々と楽しむだけであった筈のウィスキーのテイストにまで変化を感じたため、2020年を前に改めて試飲に次ぐ試飲を繰り返し、気になる蒸溜所の動向を探るべく彼の地へと再び足を運び、本書を制作するに至りました。しかしその道の半ば、一通りの取材やボトルインプレッションを終えて編集作業に入ろうというタイミングで、高橋矩彦は病に倒れ、2020年6月に亡くなりました。このため、本書の発行は当初予定した2019年末から大幅に遅れ、直前のインタビューの情報にも大幅なタイムラグが生じる結果となりました。読者の皆様に最新の情報をお伝えできず大変申し訳ないのですが、ご協力いただいた取材先各所から得た興味深く貴重な情報をお伝えすべく、当時の取材内容をそのまま掲載した経緯をここにご説明させていただきます。

　前置きが長くなりましたが、高橋は生前、これまでにテイスティングしてきたボトルから新たに登場したボトルまで、入手可能なボトルを片っ端からかき集めてテイスティングし直し、その結果を本書で読者の皆様にお伝えする予定でした。しかし前述の事情により、その目的は叶いませんでした。そこで、未完成で大変心苦しくはありますが、原稿を書き上げるべく高橋が書き綴っていたテイスティングノートの一部を、書かれた原文のまま、同じく本人が撮り溜めていたボトル画像と共に掲載させていただきます。清書・推敲前の走り書きの様な内容ではありますが、本人が開栓直後に直感で思うがままに綴った最期のテイスティングノートを、読者諸氏のボトル選びに少しでもお役立ていただけたら幸いです。

Glenfiddich 12
[700ml 40%]

Glenfiddich 18
[700ml 40%]

色＝ゴールド。こちらの方がピリッとしているが、フルーティ。ビター＆スイート。しかし18年より複雑系の味はしっかりある。この価格でこれでいい。香り＝フルーティ＆スパイシー＆モルティ。味＝ビター＆スイート。間口×奥行きは無いのだがそれなり。侘び寂びもある。食前酒として。青リンゴ。白ブドウ。スコッチビギナーの時に感動したのはこのボトルだった。薄いのではなくライト。薄っすらとフルーツの香り。82点

色＝ダークゴールド。やさしいテイスト。香り＝フルーティ、チョコレート、薄味のジュース。軽くペッパー。ビターとサワーが押し寄せるが、ブドウの甘さがしっかりと後を追い、平均的に心地よさを演出する。甘さはブドウ、リンゴ。中庸という王道を行く姿勢はグレンフィディックの基本ボトル12年と比較して穏やかなテイスト。あっさり味＝カツオのタタキ。このボトルの存在意義は？　たいしたボトルではない。刺激が少ない。後でピリッとくる。それにしても良識的なテイストに留まっている。79〜80点

HIGHLAND PARK 12 VIKING HONOUR

[700ml 40%]

色＝18年より少々明るい金。香り＝フルーティ、スイート、モルティ。味＝ドロリとフルーツのテイストが来る。ニガヨモギのテイスト。薄いブドウジュース。石鹸。おとなしい小粒な味。うまくまとまったテイスト。シンプルなテイスト。フラットな味。水っぽい。この程度の味なら普通の味。80点

HIGHLAND PARK 18 VIKING PRIDE

[700ml 43%]

大人のドライテイスト。色＝濃いめのブラウン。香り＝フルーティ、だがドライ。味＝サワー、フルーツ感を伴ったビターが中心。ハニー。チョコレートか花火。12年と18年の違いは少ない！　必要あるのか？　12年に比べてほんの少しの熟成感。複雑ではあるが、間口・奥行き等の立体感に欠ける。フィニッシュ＝甘く長いが。20％加水→薄くて…。88点

THE GLENLIVET 12
[700ml 40%]

アメリカで最も売れているシングルモルト、色=ゴールド。香り=柑橘系、さわやかなブドウ、梅の実40%。いいんじゃないか！軽く目を瞑ると夏の青いリンゴの酸味。刺々しい刺激は少なくフルーツジュースのようにストレートで飲める。加水すると(20%)ビターが顔を出しやすい。40度なので薄い味のツマミは合わない。少々オイリー。サトウキビの茎。アップルパイ。パイン。瞬間的な取っ付きやすさ。奥行きは無いがウィスキーには珍しい爽やかさが売りの1本。アプリコット。未熟な青ブドウ。クリーン＆スムース。新鮮な酒。濁りは無い。これでいいのです！食前酒。透明感の高い青リンゴの爽やかな風。83点

THE GLENLIVET 15
[700ml 40%]

香り=エステリー、軽いリンゴ、ブドウ酒、甘酒。味=ピリピリ感は少なく、熟成感のうまさがバランス良く繊細のかたまり。軽快な飲み口。ハチミツのテイスト。ピート感は無い。熟成感は増しているが新鮮な青リンゴ様の香り、味は減っている。年数が増すということは、増えるものがある一方、減るものもあるということ。うま味と価格は同列ではない。メーカーのコストがかかったという事実だけ。しかしグレンリベットは12年だなーと確信した1本。常識的で普遍的な味。No.1の青春の味から3年経った味。ボディ=ミディアム。18年の弟分。83点

THE GLENLIVET 18
[700ml 43%]

色＝琥珀、15年と比較して確かに熟成感はある。12年
の爽やかさを知る私は普通のウィスキーになったと
思う。あいつは若い時いい奴だったが普通の人間に
なったな〜。お前いい奴だったが多少なりとも残って
いろよ爽やかさが。青春（12年）から15年、18年、失う
ものと熟成するものがある。どちらが良い悪いではな
い。ボディ＝ミディアム強。フィニッシュは長い。83点

THE GLENLIVET FOUNDER'S RESERVE
[700ml 40%]

色＝濃いめのゴールドと銅。スイート＆モルティ。
少々ビター＆サワー。少々ピリッとした。香りは薄っす
らとワイン＆フルーツ。スイート＆モルティ。ジュー
シー。少々水っぽい。赤味噌（薄味）。深みは無いん
だけど飲みやすい。比較試飲しなければ違いが分か
らない。水っぽさが刺激的で良い！　棘がなく穏やか
で、フルーティーなテイストが最大の持ち味。77点

The MACALLAN 12 SHERRY OAK CASK
[700ml 40%]

色＝きれいなライトブラウン。香り＝香りは立ち上るブドウ液。花。レーズン。香水。味＝ジワリとビター。軽いブドウの皮。コニャックに漬けた梅。新鮮なオレンジ。飲み込むとトロリと美味い！ ドライフルーツ。12年間の熟成感。シナモン。サワー。薄いピート。スペイサイドの巨人。花のような上品なテイストは流石。パンチが弱いと思うと、これがスペイサイド。もちろん加水は不要。10％まで。甘くて苦い水。ウィスキーの「上善如水」。人生はこれでいいのかなー。幸せはふつうで。アフターは短い。リッチ＆複雑系。84点

The MACALLAN 12 DOUBLE CASK
[700ml 40%]

ジンジャー＆サワーが非常に複雑でデリケート。甘い香り。白ブドウ液。リンゴジュース。少々ビター＆サワー。おう、苦い中に爽やかさ。86点

The MACALLAN 12 TRIPLE CASK MATURED
[700ml 40%]

色＝薄い黄土色。香り＝フラワーのような。エステリー。味＝苦々しい。ビター、とスイートがきつめ。複雑系の極み。ブドウの渋皮。松ヤニ。とげのない、きちんと美味い。まとまりが良い。全体のまとまり。加水は×（10％まで）。84点

ABERLOUR 10
[700ml 40%]

GOOD BALANCE 美味い！ このバランスの良さ。トゲは無し。香り＝穏やかなスイート感覚。やはりシングルモルトかなー。安らかな。スイート。フルーティ。ちょっとスパイシー。じんわり、フツーに幸せの一杯。79点

BenRiach 10
[700ml 43%]

香り＝モルティ＆スイート。味＝ビター。ビター×スイート。サワー。芳醇。優しく、しっとりと。口中にゆっくり広がると、幸福感がじわりと。薄っすらとフルーツの香りが下地にあり、多少の刺激がありつつ少々のビター。美味い美味い。日常的に飲めば日常的に美味い。10年の歳月のありがたみを感じる。First＝やさしい、美味い、爽やか。軽いタッチ。スイート。いいね。いつまでもダラダラと丸やかな味。かすかにビターもあり複雑系の味。キチンとバランスした美味さ。10%の加水でビターとサワーが起きる。84点

Benromach 10
[700ml 43%]

ジェントルなスペイサイドの1本。かすかにフルーツ。美味い。ファーストフィール＝若干薄っすらと。全体まろやかに刺激がくる。スペイサイドのいい味。いいね。ずっと飲んでいてもいい味。20%加水＝さらにジェントルなテイストのウィスキーとなる。フルーティなテイストが。88点

GLEN GRANT 10
[700ml 40%]

いいねぇー。うまいねー。スイート＆立方的な味がする。うまいね。10年のありがたみがある。ブドウ。干し柿。ハチミツ。86点

HAZELBURN 10
[700ml 46%]

フルーツのスイート。適切にして柔らかく、厳しい。美味い。かすかなピート。かすかな甘さ。ビター。フルーティーでありつつ、美味さが全体を覆う。これ1本追加購入！ モルティーなフルーティーな、しかもしっかりとしたアルコールの香りと味が引き締まる。シンナー。ニス。薄っすらと渋柿。トロピカル。オレンジシロップ。ブドウ。

Ballechin 10
[700ml 46%]

香り＝煙と油とアルコール。ハッカ。味＝煙い煙い。煙さが突出。熟成感あり！
　少々赤ブドウ酒。小麦粉。ホコリ。オイル。薬。ニガヨモギ。20％加水＝スイート、サワー、ビター。終＝中程度。優等生的。84点

GLEN ALLACHIE 12
［700ml 46%］

香り＝エステリー。フルーティ。スパイシー。モルティ。いい香りのチョコ。非常にフラワー。グレープの香り。味＝胡椒。所々に苦味、深みがある。オリジナリティの味がある。ブドウ汁。黒砂糖。サンマのハラワタ。82点

CLYNELISH 14
［700ml 46%］

香り＝きついアルコール。さわやか。ドライフルーツ。ソフトで優しい高貴な香り。いやみが無い。ファーストフィールは甘く。レモン。ハニー。スパイシーさをまといつつ若さもある。ライトパンチが来る。14年にしては熟成感が足りない。全体的には尖った部分は無く、優等生的ではあるが「ピリッ」とした辛さと渋さもある。美味さもある。これもいいなぁ。しかし悪いものではないが意外とサッパリ。薄味かも。84点

TOMATIN 12
［700ml 43%］

香り＝薄っすらとスパイシー。ビターがくる。

TOMATIN LEGACY
[700ml 43%]

香り＝エステリー＆アップルパイ。トロピカル！　バニラ。パイナップル。レモン。スイート。ハチミツ。さっぱりとしたい甘い水系。深さと奥行きは少ない。20%加水すると甘さは引っ込み、刺激感が残る。やっぱりストレートかオンザロックス。サワー。気楽に春の休日に。全体にまとまりのあるテイスト（グループ＝グレンリベット、ブッシュミルズ10）。※グレンリベットから青リンゴテイストを取った味。グレンフィディック18年の熟成感を取った味。アフター＝ミドル。20%加水でもいけます。スイート＆パンジェント。82点

Glenfarclas 15
[700ml 46%]

香り＝エステリー。サワー。シェリー。バター。味＝薄っすらと甘いブドウの皮。オーク。甘いフルーツジュース。ジンジャー。スパイシー。レーズン。ボディ＝ミドル→BIG。しっかり。アフター＝ふつうに長い。86点

Glenfarclas 21
[700ml 43%]

香り＝豊かな。オレンジ。マロン。干しブドウ。チョコ
レート。いやいや実に複雑系。若干のトゲが残り、ギリ
ギリ刺激的ないい感じ。熟成感。

GLENMORANGIE 18
[700ml 43%]

香り＝薄っすらとハッカ。ハニー。モルティ。ファースト
フィール＝甘い。スイート。上質な干ぶどう。まとまり
のいいテイスト。ピリピリ感はほとんど無い！　のどか
でいいなー。いいです。実にマイルド。熟成したマイ
ルドが喉をスゥーッと。いい感じのコニャック。価格の
凄みが味に出ているなぁ。18年物の年月のありがた
みが身にしみる。しかし、1万円のウィスキーが千円の
ウィスキーの10倍美味い訳ではない。70点と90点の
違い程度だ。満足度と価格は比例しない。人格で言う
と、厳しさもありやさしさもあり。88点

CRAGGANMORE DOUBLE MATURED
[700ml 40%]

香リ＝甘くないレモネード。薄い煙。とにかくスパイシー。ハッカが支配する。深い。ユニークで複雑で特別。複雑の一言。素晴らしい。薄っすらとニガヨモギ。ビター。ある種の漢方薬。芳香。枯れ草。ハーブ。苦渋い（ビター＆サワー）。しかしいいのだ。柑橘系のフルーツ。フィニッシュ＝長いかもしれない。しかし、弱い…。ボディ＝40°の限界か。かすかな香りと複雑。デリケートとは何かを知る1本。アイラの対岸、秘密のスチルの1つ。知られていない、人に教えたくない大人の1本。88点

GLEN KEITH 20 -VINTAGE 1997-
〔 SIGNATORY VINTAGE 〕
[700ml 46%]

色はライト。シャンペンイエロー。香リ＝強いアルコール。パッションフルーツ。ファーストフィール＝タッチはソフト。まろやか。口中にフワーと広がる。熱くなる。いいね。レモン。グレープフルーツ。サワー。スダチ。少々多めにズズーッと飲むとビター。ライトワイン。味は干し柿様のソフトな甘さ。82点

The Arran Malt SINGLE CASK BOURBON CASK
[700ml 56%]

色＝ライトゴールド。香り＝強い甘さ。熟れたブドウ。熟した柿。蜜入りリンゴ。気持ちのいいモルティ＆エステリーが鼻に抜ける。味＝スイート＆ビターが強烈。加水しても甘さと苦さはブレない。満足度は高い！ テイストは甘い、甘い、そして複雑なテイスト。ちょっと甘すぎるかなー。チョコレートなどのスイーツと合わせたら、これはこれでいける。ドライなモートラックのモルトと合わせるとGOODか。これはこれでいいなー。オレはアランの事を誤解していたかもしれない。これは美味しい！ が、甘すぎる。スイート。86点

Glen GARIOCH FOUNDER'S RESERVE
[700ml 48%]

香り＝高いグリーンフルーツ。チョコレート。サワー。味＝柿渋のビター＆スイート。キャラメル。ほんのリチクチク、ピリリと。少しピーティ。フラワー。味わい深く複雑系。飽きないテイスト。開高 健の墓前のボトル。珠玉の酒。加水20％で甘い水。80点

MORTLACH 12
[700ml 43.4%]

香り＝フラワー。スイート。エステリー。ビター。スイート。ミルクセーキ。柿渋。にがり。サワー。フツーの味。複合的。ピート。なぜこれを買った？　よく言えばジェントル。甚だしくかすかに複雑系。ビミョーなバランス。10％加水するとミルクセーキ。ハニー。フルーツ。グレープフルーツ。優しい味。スパイシー。モートラック水の如し！　78点

SMOKEHEAD HIGH VOLTAGE
[700ml 58%]

アイラのシングルモルト。香りはしとやかなアルコールと穀物のスモーク＆スイート＆ビター。あー、アイラの酒だ。シブく、ドギツイ。スイートはそれなりに深みがあるが、8社のキーモルトとは違う若い刺激が口中に広がる。6アイルズより若いのか…。加水すれば刺々しさは減衰し、スミレの様なフルーツの香りとコンデンスミルク。6アイルズと比較試飲してみてはいかがか？　アードベックと比べると若い若い。ピリッとくる。もう少し熟成がほしい。いきなり煙い。にがみ、渋みが美味い。美味い。こういうのもあっていいね。ありがたい。分かりやすい味。79点

WEMYSS MALTS THE HIVE
[700ml 46%]

ウィスキーを鼻に近づけると、エタノール・エステリーがプーンと。サワー。モルト。シンナー。アップルパイ。ブドウ酒。ヤングスピリット。ピリッと美味い。少々加水＝スイート＆スイート。加水＝ビターを多めに感じ、スイートと美味い。ゆったりとした味になり。不思議なテイスト。若いが満足できる。ライト感覚で。

DOUGLAS LAING'S SCALLY WAG
[700ml 46%]

色＝ダークカラー。香り＝ドライフルーツ。濃い。チョコレート。マロン。ナッツ。シナモン。ココア。モートラック。マッカラン。グレンロセス。赤ワイン。ノンチルフィルタード。10％加水＝ビター＆スイート。スモーク無し。アフター＝チョコレート。芳醇としかいいようの無い。ややアルコールの刺激が強いか。84点

SYNDICATE 58/6
[750ml 40%]

香り＝モルティ。フルーティ。香り軽くハニー。貴腐ブ
ドウ。味＝ハチミツ。ロウソク。青リンゴ。渋柿。チョコ
レート。白ブドウ。17年にしては熟成感がいまいちだ
が美味い。ボトルがワイン用。深い。とにかく複雑系の
味。アフター＝ゆっくり長く。ミドル。ビター。スイート。
加水＝甘い。これはウィスキーか？　ブランデーか？
トロリと舌に甘い。品がある。87〜88点

SPENCER COLLINGS & CO. FOUNDERS RESERVE
10 YEAR OLD LIMITED EDITION
[700ml 54.8%]

15FIRST FILL（Madeira Barrique, Speyside, Single
Malt Whisky, Imperial 49 Gallons.）＝GOOD！
熟成感とバランスが上手くミートしている。色＝ダー
クブラウン。香り＝スイート＆スパイシー。熟成感タッ
プリ。薄っすらとビター＆サワーをまとった赤ワイン
キャラクターがしっかりと。イチジク。スモークヘッド
に比べて多少深い。シブく、ニガく、キツイが美味い。
いいね。渋みが美味い。一段違う。88点

DOUGLAS LAING'S ROCK OYSTER
[700ml 46.8%]

スモーク、ハニー、ペッパー。ジンジャーだ。香り＝オ
イスターオイル。ビター。モルティ。テイスト＝ビター。

MONKEY SHOULDER
[700ml 40%]

昔と味が変わった…。残念である。香り＝スパイシー。
マスカット。ドライフルーツ。フルーティ、フルーティ。
レモン。爽やかテイスト。20％加水→水っぽいので
ロックかストレートを薦める。名前に惑わされてはい
けない、美味いものは美味いのだ。クリーン。82点

スコッチウィスキー
新時代の真実
SCOTCH WHISKY THE TRUTH OF NEW ERA

2021年1月30日

STAFF

PUBLISHER
高橋清子　Kiyoko Takahashi

EDITOR
行木　誠　Makoto Nameki

DESIGNER
小島進也　Shinya Kojima

ADVERTISING STAFF
西下聡一郎　Souichiro Nishishita

SPECIAL THANKS
LIQUOR SHOP M's Tasting Room
スコッチモルト販売株式会社
株式会社ジャパンインポートシステム
リカーズハセガワ
ACORN LIMITED
THREE RIVERS Ltd.
有限会社 田中屋
㈱庄司酒店

Printing
中央精版印刷株式会社

文=和智英樹　Hideki Wachi　高橋矩彦　Norihiko Takahashi
写真=和智英樹　Hideki Wachi

《参考文献》
双神酔水「スコッチ・ウィスキー雑学ノート」ダイヤモンド社
宮崎正勝「知っておきたい酒の世界史」角川ソフィア文庫
枝川公一「バーのある人生」中公新書
開高健「地球はグラスのふちを回る」新潮文庫
マイケル・ジャクソン「ウィスキー・エンサイクロペディア」小学館
マイケル・ジャクソン「モルトウィスキー・コンパニオン」小学館
土屋守「スコッチウィスキー紀行」東京書籍
土屋守「シングルモルト・ウィスキー大全」小学館
土屋守「ブレンデッド・スコッチ大全」小学館
古賀邦正「ウィスキーの科学」講談社
橋口孝司「ウィスキーの教科書」新星出版社
旅名人ブックス「スコッチウィスキー紀行」日経BP
旅名人ブックス「スコットランド」日経BP
オキシロー「ヘミングウェイの酒」河出書房新社
盛岡スコッチハウス編「スコッチ・オデッセイ」盛岡文庫
中森保貴「旅するバーテンダー」双風舎
山田健「シングルモルト紀行」たる出版
平澤正夫「スコッチへの旅」新潮選書
太田和彦「今宵もウィスキー」新潮文庫
ゆめディア「Whisky World」全巻
ケビン・R・コザー「ウィスキーの歴史」原書房
三鍋昌春「ウィスキー起源への旅」新潮選書
スチュアート・リヴァンス「ウィスキー・ドリーム」白水社

注　意

この本は2020年12月までの取材によって書かれて
います。この本ではウィスキーの美味さとウィスキー
を飲む楽しさを推奨していますが、飲み過ぎると腎臓、
肝臓、胃腸、喉頭、頭脳、精神等に不調をきたす場合が
ありますので、充分にご注意ください。写真や内容は一
部、現在の実情と異なる場合があります。また、内容等
の間違いにお気付きの場合は、改訂版にて修正いたし
ますので速やかにご連絡いただければ幸いです。

著　者

PLANNING,EDITORIAL & PUBLISHING
（株）スタジオ タック クリエイティブ
〒151-0051 東京都渋谷区千駄ヶ谷3-23-10 若松ビル2階
STUDIO TAC CREATIVE CO.,LTD.
2F,3-23-10, SENDAGAYA SHIBUYA-KU,TOKYO 151-0051 JAPAN
[企画・編集・広告進行]
Telephone 03-5474-6200　Facsimile 03-5474-6202
[販売・営業]
Telephone & Facsimile 03-5474-6213
URL http://www.studio-tac.jp
E-mail stc@fd5.so-net.ne.jp

STUDIO TAC CREATIVE
㈱スタジオ タック クリ
©STUDIO TAC CREATIVE

● 本誌の無断転載を禁
● 乱丁、落丁は
● 定価は